MISCHEN RÜHREN, KNETEN

UND DIE DAZU VERWENDETEN MASCHINEN

VON

DR.-ING. H. C. HERMANN FISCHER †

GEH. REGIERUNGSRAT UND PROFESSOR

*

IN ZWEITER AUFLAGE
DURCHGESEHEN UND ERGÄNZT VON

DR.-ING. ALWIN NACHTWEH

GEH. REGIERUNGSRAT, ORD. PROF. DER MECHAN. TECHNOLOGIE
AN DER TECHNISCHEN HOCHSCHULE HANNOVER

MIT 125 FIGUREN IM TEXT

SPRINGER-VERLAG
BERLIN HEIDELBERG GMBH
1923

ISBN 978-3-642-98681-9   ISBN 978-3-642-99496-8 (eBook)
DOI 10.1007/978-3-642-99496-8

Vorwort zur ersten Auflage.

Das Mischen ist bisher fast nur nebensächlich behandelt. Meines Wissens versuchte ich zuerst[1] das Mischen allgemein zu erörtern und sein Wesen klarzustellen. Dem folgte eine sehr lesenswerte Abhandlung von *Hugo Fischer*[2], welche insbesondere viele wertvolle geschichtliche Nachweise enthält.

Im übrigen wurde das Mischen nur als Anhängsel bei Beschreibung betreffender Fabrikationsweisen oder zugehöriger Maschinen behandelt und seines eigentlichen Wesens kaum gedacht.

Als mir der Auftrag zu vorliegender Arbeit wurde, glaubte ich zunächst, eingehende Beschreibungen und Zahlenangaben aus den einzelnen Industriezweigen bringen und diesen die Deutung der Mischvorgänge einflechten zu sollen. Dieses Vornehmen mußte ich jedoch bald aufgeben, da einwandfreie Angaben in genügendem Umfange nicht zu erhalten waren, und ich auch befürchtete, die leitenden Grundsätze des Mischens durch breite Wiedergabe der Fabrikationsweisen zu sehr zu beschatten.

So stellte ich mir die Aufgabe, in erster Linie die beim Mischen leitenden Grundsätze klarzulegen, und die zu deren Befolgung dienenden Mittel und Einrichtungen nur so weit heranzuziehen, als sie das Verständnis zu erleichtern vermögen.

Es war für diesen Entschluß der Umstand mit maßgebend, daß örtliche und wirtschaftliche Verhältnisse bei der Wahl der Mischeinrichtungen eine große Rolle spielen, die zu schildern und zu bewerten mir unmöglich gewesen sein würde.

Dem Einrichter einer Fabrik sollen sie gegenwärtig sein; er wird ihr Gewicht, wenn ihm die Grundsätze des Mischens geläufig sind, richtig zu schätzen und demnach geltend zu machen vermögen.

Hannover, im April 1911.

Dr.-Ing. E. h. Hermann Fischer.

Vorwort zur zweiten Auflage.

Die Bearbeitung der zweiten Auflage, zu der mich der Spamersche Verlag aufforderte, habe ich um so lieber übernommen, weil ich als Nachfolger des von mir hochverehrten Kollegen *Hermann Fischer* gern dessen Werk der Nachwelt erhalten möchte. Bei Durchsicht der neuen Auflage leitete mich daher zunächst der Gedanke, *Fischer*s Eigenart in der Behandlung technologischer Vorgänge möglichst beizubehalten und nicht ohne bedeutsamen Grund zu ändern. Deshalb ist in der 2. Auflage nur das Allernotwendigste aus den letzten 10 Jahren beigefügt und durch Fußnoten ergänzt.

Meine Absicht, eine durchgreifende Änderung dem *Fischer*schen Buche zu geben, möchte ich mir für eine dritte Auflage vorbehalten.

Hannover, im November 1922.

Dr.-Ing. Alwin Nachtweh.

---

[1] *Herm. Fischer:* Allgemeine Grundsätze und Mittel des mechanischen Aufbereitens. Leipzig 1888, S. 541, m. Abb.

[2] *Hugo Fischer:* Über das Mischen von Körpern und die dabei verwendeten Maschinen. Civilingenieur 1889, 537f., m. Abb.

Inhaltsverzeichnis.

I. Einleitung.

A. Der Zweck des Mischens kann sehr verschieden sein. Beispielsweise kann folgendes beabsichtigt sein:

a) Man will gewissermaßen *einen neuen Stoff mit eigenartigen Eigenschaften gewinnen.* Dahin gehört das Mischen des Eisens mit Kohlenstoff, um ihm eine größere Härte zu verleihen, um es härtbar zu machen; in gleicher Richtung liegt das Beimischen von Mangan, Chrom, Vanadium und anderen seltenen Metallen. Auch die Herstellung sogenannter Legierungen ist hierher zu rechnen. Man mischt Kautschuk mit Schwefel, um ihm ganz neue Eigenschaften zu verleihen; man versetzt den Papierstoff mit anderen Stoffen, welche die sogenannte Leimung bewirken, dem erzeugten Papier eine größere Dichte und Härte verleihen; man mischt Wachs mit Talg, Asphalt mit Talg um weichere, Asphalt mit Kies, um härtere Stoffe zu gewinnen; man vermischt den Formsand mit Kohlenstaub, um ihm größere Durchlässigkeit zu geben; man mischt feuerfesten Ton mit Graphit, um feuerfeste Tiegel von möglichst großer Dauer bei mehrmaligem Gebrauch zu erzeugen und vermengt Farben oder verschieden gefärbte Stoffe behufs Gewinnung einer neuen Farbe.

Man kann hierher auch das Anfeuchten der Luft rechnen, d. h. das Mischen der Luft mit Wasser. Es geschieht, um die Einwirkung der Luft auf die von ihr berührten Gegenstände zu ändern, z. B. um Staubbildung zu hindern oder doch zu mäßigen, und um Gespinstfasern geschmeidiger zu machen[1]. Es bietet sich diesem Mischen insbesondere die Schwierigkeit, daß das Wasser nicht allein in fein zerstäubtem Zustande der Luft beigemischt, sondern außerdem verdampft werden muß[2]. *L. Scontietti*[3] schlägt vor, das zu zerstäubende Wasser zu überhitzen.

Das Anfeuchten der Luft scheint mir nicht in den Rahmen der gegenwärtigen Arbeit zu passen, weshalb ich nicht weiter darauf eingehen werde.

b) Eine zweite Gruppe von Mischungen bezweckt, *die gegenseitige chemische Einwirkung zu fördern.* In dem Gemisch berühren sich die Stoffe in sehr vielen Punkten oder längs in ihrer Summe großer Flächen, so daß die chemische Einwirkung in entsprechendem Umfange gleichzeitig stattfindet. Durch Umrühren, Auswechseln der aufeinanderwirkenden Fläche wird nicht selten die Gesamtwirkung unterstützt. Es sei an das Maischen des Malzes mit Wasser, das Einkneten der Hefe in den Teig, das Mischen von Ton und Kalk bei der Zementbereitung erinnert.

---

[1] Vgl. Dr.-Ing. *Otto Willkomm:* Leipz. Monatsschr. f. Textil-Ind. 1909, 199 f.

[2] Vgl. *Herm. Fischer:* Heizung und Lüftung der Räume. Handb. der Architektur 3. Teil, 4. Bd., 3. Aufl., 1908, S. 160 bis 164.

[3] D. R. P. Nr. 151 261.

c) Man mischt manche *Stoffe* (z. B. Kalk und Sand, Zement und Sand mit Wasser, Haare mit Luft, Farben mit dem flüssigen Mittel, welches erhärtet sie festhält) *mit Flüssigkeiten*, um sie leichter verarbeitbar zu machen.

d) *Ungleiche Gemische sind oft durch Mischen auszugleichen.* (Es werden z. B., um das Papier gleichartiger ausfallen zu lassen, mehrere Holländerfüllungen in die geräumige Zeugbütte entlassen, in gleichem Sinne mehrere Abstiche der Hochöfen in sogenannten Roheisenmischern zusammengebracht oder Birnenfüllungen des nach *Bessemers* oder *Thomas'* Verfahren gefrischten Eisens in ein großes Gefäß geschüttet und hier gemischt. Die Brauer verteilen die einzelne Bräue auf mehrere Fässer, deren schließliche Füllungen Teile einer größeren Zahl von Bräuen sind.)

e) Das Mischen bezweckt zuweilen auch die *Vermehrung der Ware durch Hinzufügen billigerer Stoffe.* (Sehr gut deckende Farben mischt man mit feingemahlenem Gips cder Schwerspat, kürzere Haare oder Fasern werden mit längeren versponnen usw.)

Bei allen diesen Mischungen wird besonderer Wert auf die Gleichartigkeit der Mischung gelegt. Bei einem vollkommenen Gemisch befinden sich in jedem Raumteile — auch dem kleinsten — die Gemengteile in gleichem Verhältnisse zueinander, wie in der Gesamtheit des Gemisches. Ein solcher Gleichförmigkeitsgrad ist jedoch nur beim Mischen von Flüssigkeiten zu erreichen. Bei trockenen Stoffen wird die Gleichmäßigkeit des Gemisches durch die Größe der einzelnen Körper beschränkt. Man verbindet deshalb, um gleichartigere Gemische zu erzielen, nicht selten mit dem Mischen das Zerkleinern der Stoffe, „verreibt" die zu mischenden Stoffe miteinander. Von Bedeutung ist häufig die Dauerhaftigkeit der Mischung. Gemische trockener Stoffe zeichnen sich im allgemeinen durch große Dauerhaftigkeit aus, indem die zwischen den einzelnen Körpern auftretende Reibung die Körper in ihrer gegenseitigen Lage festhält. Nur Erschütterungen solcher Heftigkeit, daß ein Gleiten zwischen den Körpern eintritt, lassen die auf Entmischung gerichteten Kräfte wirksam werden[1].

Flüssigkeitsgemische zerfallen dagegen sehr rasch, insbesondere wenn das Haften (Adhärieren) zwischen den Stoffen gering ist (vgl. z. B. ein Gemisch von Wasser und Öl), und bedingen deshalb nicht selten fortwährendes „Rühren" oder doch Wiederherstellen unmittelbar vor ihrer Verwendung.

Von großer Bedeutung für die Dauerhaftigkeit leicht flüssiger Gemische ist das Verhältnis der Einheitsgewichte der Gemengteile zueinander. Ist Wasser mit Luft über deren Sättigungsgrad hinaus gemischt, so fällt der Überschuß an Wasser rasch aus, und selbst bei dem aus Wasser und Pflanzenfasern bestehendem Gemisch, welches der Papiermacher „Stoff" nennt, ist fortwährendes Rühren nötig, um es für die Verwendung gleichartig genug zu erhalten, obgleich die Einheitsgewichte der Gemengteile fast gleich sind (1 : 1,5).

---

[1] Vgl. *Herm. Fischer:* Allgemeine Grundsätze und Mittel des mechanischen Aufbereitens. Leipzig 1888, S. 148.

Manche Gemische werden durch schleimige Stoffe dauerhafter gemacht, z. B. die sogenannten Emulsionen, der Seifenschaum.

Sehr dauerhaft sind die Gemische, welche in Lösungen übergehen. Sie zerfallen nur in dem Grade, wie das Lösungsvermögen vermindert wird (Temperaturabnahme, Verdunstung des Lösungsmittels).

Die Dauerhaftigkeit der brei- oder teigartigen Gemische liegt zwischen derjenigen der flüssigen und trockenen und nähert sich diesen Grenzen je nach dem Grade ihrer Dickflüssigkeit.

B. Mischverfahren. Angesichts der außerordentlichen Vielseitigkeit der Zwecke und Mannigfaltigkeit der zu mischenden Stoffe sind zahlreiche, unter sich verschiedene Mischverfahren und Mischmaschinen im Gebrauch. Sie beruhen jedoch fast durchweg auf größtmöglichstem gegensätzlichen Ortswechsel oder lebhafter Verschiebung der im vorgeschriebenen Mengenverhältnis einander gegenübergebrachten, zu mischenden Stoffe, und zwar in allen Richtungen.

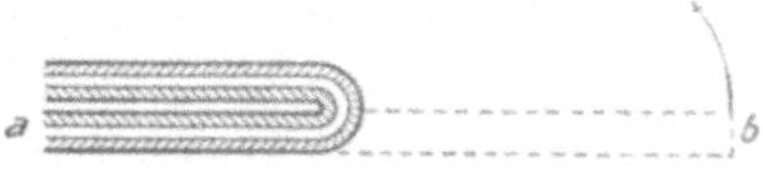

Abb. 1.

Eine Platte *a b*, Abb. 1, die durch schichtenweises Übereinanderlegen der zu mischenden Stoffe entstanden ist, werde in ihrer Längen- und Breitenrichtung gestreckt und dann „aufgeschlagen". Streckt man sie hierauf weiter, so ändert sich nur die Dicke der einzelnen Schichten; ihre Anordnung über-, oder nach Umständen nebeneinander bleibt dieselbe, ein gegenseitiges Durchdringen der Schichten findet nicht statt. Das zeigt deutlich der sogenannte Damaszener Stahl[1]. Er wird bekanntlich durch Zusammenlegen und Verschweißen verschiedenartigen Eisens, wiederholten Streckens, Zusammenwickelns usw. erzeugt und zeigt auf Schnittflächen, auf denen die einzelnen Schichten als feine Linien erscheinen, die geschätzte, Damasz genannte Zeichnung[2]. Auch bei manchen Erzeugnissen der Bäckerei, bei Tonwaren usw. lassen sich derartige Zeichnungen, wenn auch nicht absichtlich geschaffen, in gröberer Durchbildung erkennen. Ein sich der Vollkommenheit näherndes Mischen soll die Schichten vernichten und verlangt hierzu außer dem gegensätzlichen Verschieben in zwei Richtungen auch solche in der dritten Richtung, verlangt also ein lebhaftes Aneinander- und Durcheinanderverschieben oder Durcheinanderwerfen. In manchen Fällen genügt aber dem praktischen Bedürfnis jenes, die Schichtung beibehaltenes Mischen; es ist deshalb häufig im Gebrauch.

Je größer die gegensätzliche Beweglichkeit der zu mischenden Stoffe ist, d. h. je dünnflüssiger sie sind, um so mehr beteiligen sich von dem Angriffspunkte entfernt liegende Stellen an den an ersterem erzwungenen Bewegungen. Bei dünnflüssigen Stoffen können kleine drückende Flächen weitgehende Verschiebungen herbeiführen.

---

[1] Vgl. *Ludwig Beck:* Die Geschichte des Eisens. 3. Abtlg. Braunschweig 1897, S. 474 u. 1047.

[2] Ebenda S. 482, 483 u. 773.

C. Die Mittel, welche für das gegensätzliche Verschieben verwendet werden, sind folgende:

1. Läßt man durch die Öffnung einer Gefäßwand eine Flüssigkeit aus-
treten oder drängt den weniger flüssigen Stoff gewaltsam durch eine solche
Öffnung, Abb. 2, so erfährt er am Rande der Öffnung Reibungswiderstand.
Er wird hier mehr zurückgehalten als in der Mitte des Loches, wo nur die
Nachbarteilchen dem Ausfließen Widerstand entgegensetzen können. In der
Mitte des Loches ist demnach die Ausflußgeschwindigkeit größer als am
Rande, die in der Mitte befindlichen Teilchen suchen den anderen vorzueilen,
und es tritt ein gegensätzliches Verschieben ein, soweit der Zusammenhang
(Kohäsion) solches gestattet. Unter Umständen ist der gegenseitige Zusammenhang kräftig genug, um das Austretende als geschlossenen Strang
zusammenzuhalten, andernfalls berstet der Strang, z. B. nach Abb. 3. Daraus
erkennt man die Art der auftretenden Kräfte, die selbstverständlich auch
dann wirksam sind, wenn der Strang geschlossen bleibt, und zwar Verschie-

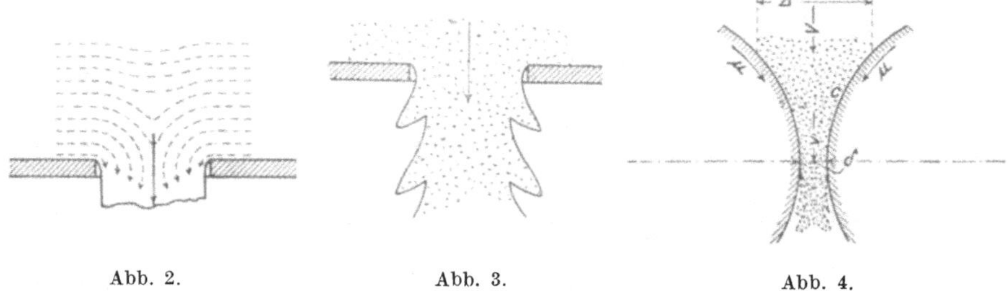

Abb. 2. Abb. 3. Abb. 4.

bungen der Teilchen gegeneinander herbeiführt. Bei dünnflüssigen Stoffen
erweitern sich die Verschiebungen zu Wirbelungen.

2. Verwandt mit diesem Vorgange ist der durch Walzen hervorgerufene.
Abb. 4 zeigt zwei sich entgegengesetzt drehende Walzen im Querschnitt.
Das über den Walzen befindliche Arbeitsgut hat die Dicke Δ; zwischen den
Walzen muß es mit der Dicke δ fürliebnehmen, so daß die mittlere Geschwindigkeit v des austretenden Gutes zu der Geschwindigkeit V des eintretenden
wie $\Delta : \delta$ sich verhält. Die Walzenumfangsgeschwindigkeit u ist überall
gleich, folglich muß zwischen dem Arbeitsgut und den Walzenoberflächen
Gleiten stattfinden. Nur in einem Punkte c, welcher zwischen der Eintrittsstelle und der Austrittsstelle liegt, ist die Geschwindigkeit des Arbeitsgutes
gleich der Walzenumfangsgeschwindigkeit u. Vorher ist die mittlere Geschwindigkeit des Arbeitsgutes kleiner, nachher aber größer als u. Da aber
die Teilchen des Arbeitsgutes, welche die Walzenoberfläche unmittelbar berühren, wegen der Reibung sich nahezu ebenso rasch bewegen wie die Walzen-
umfänge, so muß der Geschwindigkeitsunterschied in der Mitte des Arbeitsgutes ein viel größerer sein, als das obige Verhältnis $\Delta : \delta$ ausdrückt, d. h. es
findet ein Verschieben des Innern gegenüber dem Äußern des Arbeitsgutes
statt. Unter Umständen ist aber der folgende Vorgang noch wirkungsvoller:
Durch das Zusammendrücken des Arbeitsgutes entsteht in dessen Innerem

ein mehr oder weniger großer Überdruck gegenüber dem Freien, welcher das Arbeitsgut an seiner Eintrittsstelle zurück-, an seiner Austrittsstelle vorwärtsdrängt. Je nach dem Zusammenhangsstande des Arbeitsgutes entstehen an dem austretenden Strange oft Risse und Spaltungen ähnlicher Art, wie bei Erörterung der Abb. 3 angegeben wurde. Selbst bei Eisen beobachtet man solche Zerklüftungen, welche bekunden, daß an der Austrittsstelle die Mitte des Stranges sich rascher bewegt als die Außenseiten. Die Verschiebungen werden verwickelter, also für das Mischen wirkungsvoller, wenn man die eine Walze mit größerer Geschwindigkeit sich drehen läßt als die andere. Insbesondere aber wird das gegensätzliche Ver-schieben lebhafter, wenn man die „Walzen" unrund macht, z. B. nach Abb. 5 im Quer-schnitt zahnradartig. Hier wird das Arbeits-gut in einen Raum gedrängt, welcher sich rasch verengt und es zwingt, sich einen Ausweg zu suchen, wobei seine Teilchen sich sehr leb-haft aneinander verschieben müssen, gewisser-maßen Wirbelbildungen mitmachen, welche das Mischen lebhaft fördern.

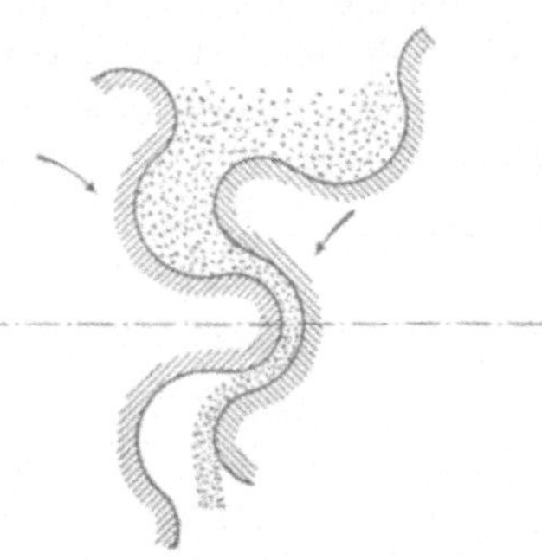

Abb. 5.

3. Wenn man die Fläche eines Gegen-standes A, Abb. 6, gegen das durch B irgend-wie gestützte Arbeitsgut genügend stark drückt, so weicht letzteres nach den Seiten aus, ändert seine Gestalt und erfährt demnach innere Ver-schiebungen. Das ist die Wirkungsweise des knetenden Fußes oder der Hände. Je nach der Heftigkeit des ausgeübten Druckes erfolgt dieses Ausweichen mehr oder weniger rasch, es tritt nach Umständen ein Trennen und Durch-

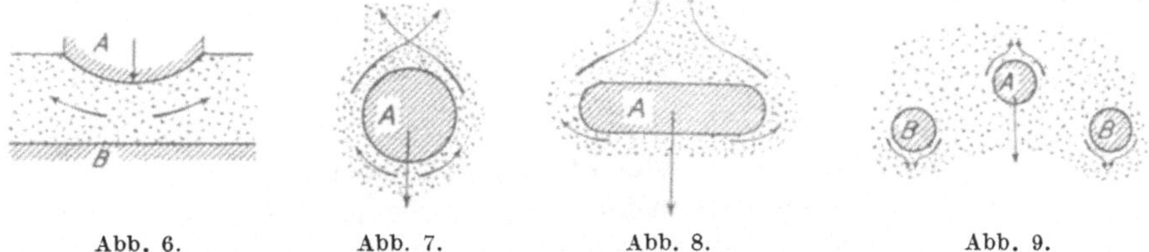

Abb. 6.   Abb. 7.   Abb. 8.   Abb. 9.

einanderschieben der Teilchen ein, also ein lebhafter gegensätzlicher Orts-wechsel, insbesondere, wenn das Arbeitsgut größeres Fließungsvermögen be-sitzt, oder mit anderen Worten: seine Teilchen sich leicht aneinander ver-schieben lassen. Leichtflüssige Stoffe bilden Wirbel, und selbst bei genügend feinkörnigen trockenen Stoffen läßt sich ähnliches beobachten.

Diese Vorgänge werden für das Rühren und Kneten am häufigsten be-nützt. Genau genommen decken sie sich mit den unter 1 und 2 erörterten Vorgängen, indem es sich auch hier um ein erzwungenes Ausfließen des Arbeits-gutes handelt.

Der tätige Gegenstand A kann, nach Abb. 7, einen kreisförmigen Quer-schnitt haben, ein runder Stab sein. Wird er rasch genug gegen das Arbeitsgut bewegt und ist dieses genügend flüssig, so wird er gewissermaßen von letzterem umspült. Hinter A prallen die beiden Ströme zusammen und durchdringen sich mehr oder weniger. Diese Querschnittsgestalt der Werkzeuge wird im allgemeinen für das Rühren dünnflüssiger Stoffe bevorzugt.

Eine mehr rechteckige Querschnittsgestalt, welche quer gegen die Breitseite bewegt wird, Abb. 8, läßt das Arbeitsgut erst weiter hinter A wieder zusammentreffen, unterscheidet sich im übrigen in seiner Wirkungsweise nicht nennenswert von der vorigen.

An die Stelle fester Flächen treten zuweilen die Flächen von Gasblasen. Jedenfalls muß das Arbeitsgut gestützt, gehindert werden, ohne weiteres der Bewegungsrichtung von A zu folgen. Das kann geschehen durch eine feste Unterlage B, Abb. 6, durch die Reibung des Arbeitsgutes an den Wandungen des Gefäßes, in welchem die Bearbeitung stattfindet, oder auch z. B.

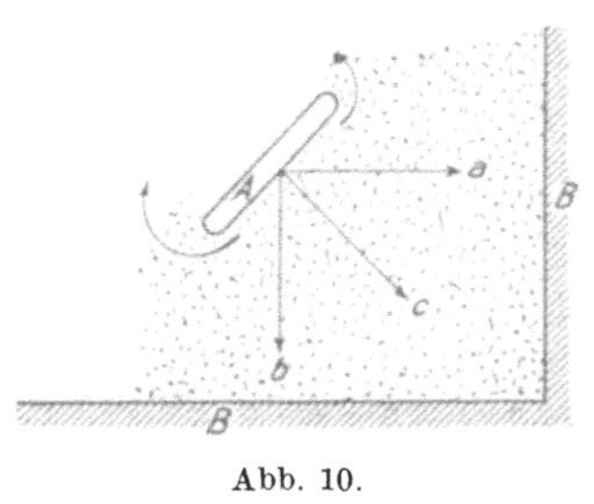
Abb. 10.

durch Stäbe B, Abb. 9, die, da das Arbeitsgut mehr oder weniger der Bewegungsrichtung von A sich anschließt, ähnlich wirken wie das bewegte Werkzeug A. Da regelmäßig solche Werkzeuge in einiger Zahl angewendet werden, so bringen sie ein lebhaftes Durcheinander des Arbeitsgutes hervor.

Platte Stäbe, die schräg zu ihrer Breitseite, in der Richtung $A\,a$, Abb. 10, bewegt werden, drücken zunächst rechtwinklig, in der Richtung $A\,c$, auf das Arbeitsgut, so wirkend, wie bei Abb. 8 erwähnt ist, und in der Richtung der Zweige $A\,a$ und $A\,b$ das Arbeitsgut fortschiebend. Folgt dieses, so prallt es gegen die Gefäßwände B oder wird durch Reibung teilweise von solchen zurückgehalten und erfährt hierdurch weitere innere Verschiebungen. Wird das platte Werkzeug durch eine Reihe fingerartiger ersetzt, so treten ähnliche Wirkungen ein.

4. Das längs der Stützfläche B sich bewegende Werkzeug A, Abb. 11, verdrängt das auf B in dünner Schicht liegende Arbeitsgut. Da dieses durch

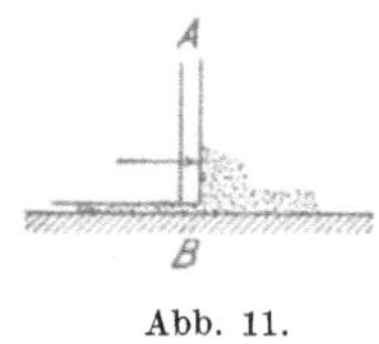
Abb. 11.

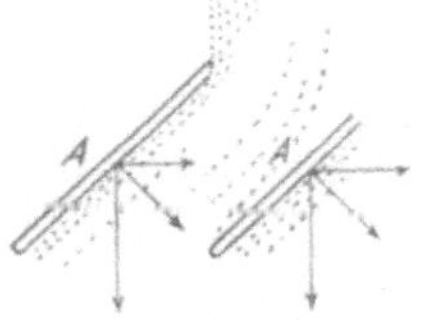
Abb. 12.

Reibung an seiner Stützfläche gehindert wird, der Bewegung ohne weiteres zu folgen, so bäumt es sich auf, überstürzt sich, wird zum Teil weitergewälzt, zum Teil langsamer weitergeschoben, so daß seine Teilchen starken gegensätzlichen Ortswechsel erfahren. Von diesem Mischverfahren wird namentlich für körnige Stoffe Gebrauch gemacht, und zwar in der Form, daß mehrere solcher Werkzeuge schräg gegen die Bewegungsrichtung gestellt sind, wie der Grundriß, Abb. 12, andeutet. Das Arbeitsgut wird in Streifen gehäufelt, welche später folgende gleiche Werkzeuge weiter, zuweilen auch rückwärts schieben.

Dieses Mischverfahren ist für dünnflüssiges Gut selbstverständlich ungeeignet und für breiartiges nur bedingungsweise zu gebrauchen, dagegen für trockene Körpersammlungen recht wirksam.

5. Trockene, körnige bis mehlige Stoffe werden meistens durcheinandergeworfen, „umgeschaufelt", d. h. es werden Teile des Ganzen von einer Stelle hinweggenommen und an anderer Stelle wieder hinzugefügt, was mit Hilfe von Schaufeln oder doch schaufelartiger Werkzeuge zu geschehen pflegt. Z. B. breitet man die zu mischenden Stoffe in gleichförmigen übereinanderliegenden Schichten x, y, z, Abb. 13, auf der Stützfläche B aus, sticht dann mit einer Schaufel A Stücke in ganzer Höhe der Schichtung von dieser ab und wirft sie auf eine andere Stelle der Stützfläche, wo sie einen Haufen bilden, welcher nach Umständen wiederholt umgestochen wird. Auch bei halbtrockenen bis teigartigen Stoffen kommt dieses Mischverfahren als Teil des ganzen Mischens in Anwendung.

6. Beim Zerkleinern durch Zerreiben nimmt die bewegte Reibfläche einen Teil des Mahlgutes mit sich fort, während die andere Reibfläche den anderen Teil zurückhält. Der erstere Teil kommt demnach Teilchen gegenüber, die an ihrem Orte zurückgehalten wurden. Da nun das Mitgenommen- und Zurückgehaltenwerden zwischen den Mahlflächen fortwährend wechselt, so findet hierdurch ein gegensätzlicher Ortswechsel zwischen den Teilchen statt, der gutes Mischen bedeutet. Im kleinen wird hiervon im Mörser Gebrauch gemacht, wenn man das zu bearbeitende Gut mittels der Mörserkeule zerreibt, im großen treten die sogenannten Kollermühlen, die gewöhnlichen

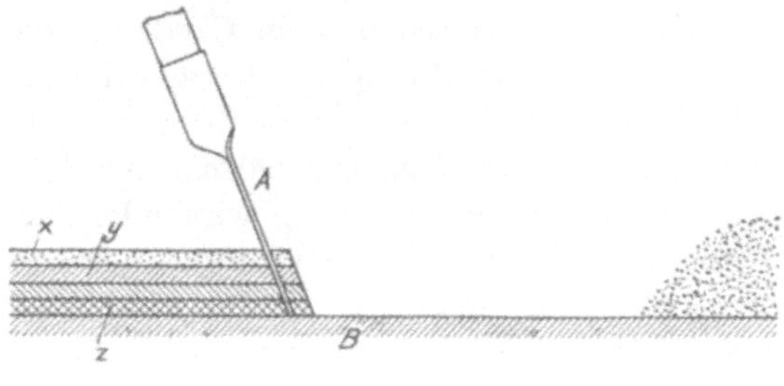

Abb. 13.

Mahlgänge, die Reibwalzen an die Stelle des wie angegeben benützten Mörsers.

7. Das Schütteln oder Durchschütteln ist zwar nur für kleine Mengen flüssiger Stoffe gebräuchlich; es möge trotzdem, der Vollständigkeit halber, hier angeführt werden. Wenn in einem geschlossenen Gefäß sich mehrere verschieden schwere Flüssigkeiten oder neben diesen auch feste, kleinkörnige Stoffe befinden, so wird, sobald man das Gefäß plötzlich rasch bewegt, der schwerere Stoff — wegen seiner größeren Trägheit — sich langsamer als der leichtere dieser Bewegung anschließen, letzterem gegenüber zurückzubleiben suchen. Mindert man aber die Geschwindigkeit des Gefäßes, so fügt sich dem der schwerere Stoff langsamer als der leichtere. Das gleiche ist selbstverständlich bei Umkehr der Bewegungsrichtung der Fall. Man erzielt demnach durch solches Hin- und Herbewegen, Schütteln des Gefäßes, ein gegensätzliches Verschieben der im Gefäß befindlichen Teilchen, und zwar ein um so stärkeres, je heftiger die verlangte Beschleunigung und Verzögerung an den Hubenden der Bewegungen ist, und je leichter die Stoffe aneinandergleiten.

Das Mischen durch Schütteln verlangt demnach Verschiedenheit der Einheitsgewichte (spezifischen Gewichte) der Stoffe und verläuft in um so kürzerer Zeit, je größer der Gewichtsunterschied ist (vgl. das Mischen von Quecksilber mit Fett), je rascher der Hubwechsel stattfindet und je dünnflüssiger das Ganze ist.

Derartige heftige Schüttelbewegungen sind ein Feind der Maschine, und deshalb ist das Mischen durch Schütteln für den Großbetrieb ungeeignet.

D. Das Mischen geschieht zumeist postenweise. Es werden die zu mischenden Stoffe in dem vorgeschriebenen Mengenverhältnis abgewogen oder abgemessen und dann der Mischbehandlung unterworfen. Zuweilen wird das gesamte Gut gleichzeitig in Angriff genommen, zuweilen der eine oder andere Bestandteil allmählich hinzugesetzt. Letzteres geschieht z. B. oft, wenn feste, körnige Stoffe flüssigen hinzugefügt werden. Es bleibt dann das Mischgut längere Zeit leichter beweglich. Das allmähliche Hinzufügen hat aber zuweilen andere Gründe.

Die Einrichtungen, welche dem Ab- oder Zuwägen oder dem Zumessen dienen, bedürfen hier der Erörterung nicht, da sie sich von denjenigen, welche für das Zuwägen oder Zumessen für andere Zwecke benutzt werden, nicht nennenswert unterscheiden.

Zuweilen, insbesondere in Großbetrieben, arbeitet man mit stetig wirkenden Mischeinrichtungen. Diese erfordern stetiges Zuteilen des Mischgutes, und zwar solche Vorrichtungen, welche das Mischgut stetig in dem vorgeschriebenen Mengenverhältnis anliefern.

Den Erörterungen stetig wirkender Mischeinrichtungen werde ich deshalb solche über stetig wirkende Zuteilvorrichtungen vorausschicken.

Man wird aus ihnen erkennen, daß nicht leicht ist, das Mengenverhältnis, welches diese Zuteilvorrichtungen liefern, zahlenmäßig zu ändern. Die stetig wirkenden Mischmaschinen sind deshalb im allgemeinen nur da zweckmäßig, können nur da ihre — sehr großen — Vorzüge gegenüber der Maschine für postenweises Mischen entfalten, wo die Mengenverhältnisse der Gemische nur selten gewechselt werden.

Innerhalb des Rahmens der vorliegenden Arbeit ist unmöglich, alle den verschiedenartigsten Stoffen und Zwecken angepaßte Mischeinrichtungen einzeln zu erörtern. Schon um zu häufige Wiederholungen zu vermeiden, würden die den eigentlichen Zweck dieses Buches bildenden Erörterungen des Mischens zurückgedrängt werden. Ich muß mich daher begnügen, die Mischeinrichtungen und Maschinen für einige Stoffe mit bestimmten Eigenschaften zu behandeln, dem Leser überlassend, zu beurteilen, welche von diesen Maschinen für andere Stoffe und Zwecke geeignet sind, oder, nach Umständen, welche Änderungen zweckmäßig an ihnen vorgenommen werden müssen.

Über Leistungsfähigkeit und Kraftverbrauch habe ich zuverlässige Zahlen nicht zu sammeln vermocht. Nicht allein steht dem Gewinnen solcher Zahlen die außerordentliche Mannigfaltigkeit der Gemische entgegen, sondern es fehlen auch die Mittel, um die Eigenschaften der Gemische und der Stoffe, aus denen sie entstanden sind, so zweifelsfrei auszudrücken, wie zu zuverlässigen zahlenmäßigen Angaben nötig sein würde. Das, was allenfalls gebracht werden könnte, sind Schätzungswerte.

E. Prüfen der Gemische. Die Mittel zum Prüfen der Gemische auf ihre Zusammensetzung und ihren Gleichförmigkeitsgrad sind noch ziemlich dürftig. Man verläßt sich in vielen Fällen auf das Aussehen, in anderen auf die Wirkung der zusammengeführten Stoffe aufeinander. Eine genaue Untersuchung durch Wägen der in Probeentnahmen sich vorfindenden Mengen der miteinander gemischten Stoffe ist umständlich und für die Beurteilung der Gleichförmigkeit nicht zuverlässig, da es doch nur Stichproben sind, das Ergebnis also abhängig ist von der Geschicklichkeit, an geeigneten Stellen die Stichproben zu entnehmen. Es handelt sich nicht darum, die durchschnittliche Zusammensetzung der Gemische zu prüfen — diese ist beim postenweisen Mischen ohne weiteres gegeben —, sondern um die Beantwortung der Frage: Findet sich das gleiche Verhältnis unter den Stoffen an jeder Stelle vor? Da muß das Aussehen des Gemisches und die Wirkung der Stoffe aufeinander mit benutzt werden.

Verschiedenartigkeiten des Aussehens werden oft bemerkt, ohne daß man sie in Worten auszudrücken vermag, — wer kann immer deutlich aussprechen, worin der Unterschied des Aussehens verschiedener, im ganzen einander ähnlicher Menschen besteht. Man fühlt einen Unterschied, und um dieses Gefühl zu erklären, legt man die zu vergleichenden Dinge — möglichst nur zwei — nahe aneinander, bringt sie in gleiche Beleuchtung und gleiche Umgebung, um von diesen beeinflußte Einwirkungen auf das Auge gleichartig zu machen. So gelingt es dem geübten Auge nicht selten, auch sehr kleine Unterschiede mit aller Sicherheit zu erkennen. Gröbere Verschiedenheiten erkennt man selbstverständlich ohne weiteres. Zu den brauchbarsten Merkmalen bei dem Prüfen an Hand des Aussehens gehört die Farbe. Handelt es sich darum, durch Mischen verschiedener Farben einen gewissen Farbenton zu gewinnen, so kommt das Aussehen überhaupt allein in Frage.

Bei mehlartigen Gemischen legt man zwei Stichproben auf eine glatte Fläche, deren Farbe oft derjenigen des Gemisches angepaßt ist (bei Getreidemehl z. B. blau), drückt mit einer Glasplatte beide gemeinsam platt, und zwar so, daß die beiden Proben sich in der gewonnenen glatten Fläche in längerer Linie berühren. Zuweilen wird künstliche Beleuchtung, zuweilen sogar farbiges Licht zu Hilfe genommen. In manchen Fällen treten die Ungleichheiten durch Anfeuchten der Proben schärfer hervor, zuweilen dadurch, daß hinzugefügte Flüssigkeiten oder übergeleitete Gase den einen Gemengteil anders färben als den anderen.

Breiartige und auch dünnflüssige Gemische streicht man auf die Fläche und legt dann ein weißes oder gefärbtes, mit einem Loch versehenes Papier so auf die Proben, daß jede die Hälfte der Öffnung einnimmt. Durchsichtige oder durchscheinende Flüssigkeiten werden in unter sich gleichen Flaschen gegen das Licht gehalten. Auch das sonstige Aussehen des Mischgutes bietet Anhalte zur Beurteilung der Gleichartigkeit der Gemische.

Will man durch das Mischen eine gewisse Weichheit erzielen, so wird diese geprüft durch den Druck des Fingers oder mit Hilfe besonderer Geräte. In Fabriken für feinere Tonwaren beobachtet man zuweilen die Zeit, innerhalb welcher ein stab- oder röhrenartiger Körper bis auf eine bestimmte Tiefe eindringt, oder die Belastung, welche erforderlich ist, um diesen Körper mit bestimmter Geschwindigkeit um die vorgeschriebene Tiefe eindringen zu lassen.

Solche und andere Prüfmittel hängen derartig von der Eigenart der Gemische, ihrem Zweck und den Betriebsgewohnheiten ab, daß sie nicht allgemein erörtert werden können.

Auch das Prüfen der Wirkung bei gemischten Stoffen gibt Anhalte für die Gleichartigkeit der Gemische. Schlecht gemischter Ton erscheint nach dem Brennen auf der Bruchfläche flammig oder marmorartig gezeichnet, ungenügende Mischung des Brotteiges läßt im Brot Wasserstreifen oder unregelmäßig verteilte Poren, ja einzelne größere Hohlräume entstehen usw. Diese Beobachtungen können allerdings nur für spätere Mischungen verwertet werden.

II. Postenweises Mischen.

1. Dünnflüssige Gemische.

Hier ist an erster Stelle das Umrühren mittels Gasblasen zu nennen. Es ist beim Kochen wahrscheinlich längst vor dem Erkennen seiner Wirkungsweise benutzt worden. Die entstehenden Dampfblasen steigen vermöge ihres geringen Einheitsgewichtes empor, verdrängen die über ihnen befindliche Flüssigkeit, diese in mehr oder weniger wirbelnde Bewegung versetzend, und entweichen schließlich durch die Oberfläche der Flüssigkeit. Aber ein Weiteres kommt hinzu, um die Flüssigkeit „in Wallung" zu versetzen. Naturgemäß findet die Dampfentwicklung nicht an allen Stellen, an welchen Wärme zugeführt wird, in gleichem Grade statt. Über denjenigen Stellen, welche die größte Dampfmenge liefern, werden sich die meisten Dampfblasen in der Flüssigkeit befinden, so daß hier gewissermaßen eine Säule geringeren Einheitsgewichtes vorliegt, die von der benachbarten schwereren Flüssigkeit nach oben gedrängt wird. Man hat es also mit zwei Wirkungen zu tun: der schwächeren, durch die einzelnen Dampfblasen, welche sich nur auf die nähere Umgebung erstreckt, und der machtvollen, von den verschiedenen mittleren Einheitsgewichten der Flüssigkeit herrührenden, welche eine Gesamtbewegung hervorruft. Bei dem dünnflüssigen Wasser wird bekanntlich hierdurch das heißere mit dem kälteren so lebhaft gemischt, daß — bei offenen Gefäßen — überall die Siedetemperatur herrscht. Weniger dünnflüssige Stoffe bedürfen allerdings einer Beihilfe, ein von anderer Quelle ausgehendes Bewegen, um ein ähnliches Ziel zu erreichen.

Sind der Flüssigkeit feste Stoffe genügender Kleinheit hinzugefügt, so werden diese von den Wirbelströmen mitgerissen und mehr oder weniger gleichförmig verteilt, um rasch gelöst zu werden — was meist durch die höhere Temperatur begünstigt wird — oder eine rasche chemische Einwirkung zu vermitteln.

Es lassen sich nun an die Stelle der Dampfblasen andere Gasblasen setzen, um der Flüssigkeit solche lebhafte Bewegungen zu erteilen, sei es zu dem Zweck, diese Gasblasen auf die Flüssigkeit chemisch einwirken zu lassen oder sie als neutrales Bewegungsmittel zu benutzen.

Henry Bessemer zeigte[1], daß Roheisen in schmiedbares Eisen übergeführt werden könne, indem man Luft durch das geschmolzene Roheisen blase[2]. Bei dem alten Herdfrischen wurde Luft auf die Oberfläche des Eisens ge-

---

[1] Engl. Patent Nr. 2321 vom 17. Okt. 1855.

[2] Vgl. „Gemeinfaßliche Darstellung des Eisenhüttenwesens", Düsseldorf 1921, 11. Aufl., S. 84.

blasen und dieses mittels Handwerkzeuge mühselig so umgerührt und gewendet, daß immer neue Teile des Eisens der Luft ausgesetzt wurden. *Cort*
erfand 1787 das Frischen im Ofen, bei welchem ebenfalls Handwerkzeuge
zum Umrühren und Wenden des Eisens dienten. Mannigfache Vorrichtungen
wurden erdacht, um die Handarbeit entbehrlich zu machen[1].

Bei dem Verfahren *Bessemers* wird die Luft und deren wirksamer Sauerstoff dem flüssigen Eisen beigemischt, wobei die Luft selbst das Mischen bewirkt. Es werden hierdurch noch andere wesentliche Vorteile erzielt, die
jedoch hier ohne Bedeutung sind.

Nach der der angezogenen Patentschrift angehefteten Zeichnung soll die
Luft durch eine bis nahe an den Gefäßboden hinabreichende Röhre *G*, Abb. 14,

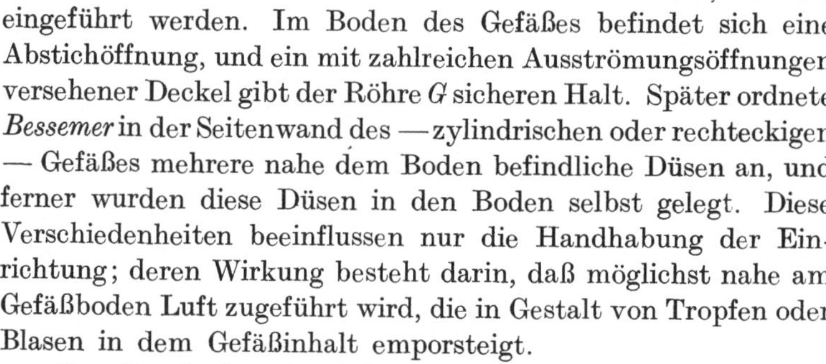

Abb. 14.

eingeführt werden. Im Boden des Gefäßes befindet sich eine
Abstichöffnung, und ein mit zahlreichen Ausströmungsöffnungen
versehener Deckel gibt der Röhre *G* sicheren Halt. Später ordnete
Bessemer in der Seitenwand des — zylindrischen oder rechteckigen
— Gefäßes mehrere nahe dem Boden befindliche Düsen an, und
ferner wurden diese Düsen in den Boden selbst gelegt. Diese
Verschiedenheiten beeinflussen nur die Handhabung der Einrichtung; deren Wirkung besteht darin, daß möglichst nahe am
Gefäßboden Luft zugeführt wird, die in Gestalt von Tropfen oder
Blasen in dem Gefäßinhalt emporsteigt.

Der Druck der einzuführenden Luft muß größer sein als
der Druck, welchen der Gefäßinhalt auf die Düsen ausübt, um
das Eindringen des letzteren in die Düsen zu verhüten. Aus
gleichem Grunde ist es zweckmäßig — bei seitlich oder im Boden liegenden
Düsen —, mehrere kleine Düsen statt einer weiten anzuwenden. Hat die
Luft die Düsen verlassen, so wirkt der bisher auf ihr lastende Druck nicht
mehr auf sie, sondern nur der Druck der zu bewegenden Flüssigkeit. Da
dieser mit dem Emporsteigen abnimmt, so werden die einzelnen Blasen
größer und größer. Es ist nun derjenige Teil der zu behandelnden Flüssigkeit — wegen Vorhandenseins der zahlreichen Luftblasen — erheblich leichter
als das übrige, so daß er emporsteigt, während das übrige sinkt, somit ein
mehr oder weniger lebhaftes Umwälzen, „Kochen", des Gefäßinhaltes eintritt. Die Gasblasen entweichen, nachdem sie die Oberfläche des Gefäßinhaltes erreicht haben, und weiter durch Öffnungen des Gefäßdeckels.

Der nach oben gerichtete Strom nimmt auch — vorhandene oder entstehende — Beimischungen mit, welche, wenn genügend leicht, sich als
Schaum auf der Oberfläche sammeln.

Dieses Mischverfahren wird nun auch für verschiedene andere Zwecke
verwendet, indem man das Gas durch den Boden oder nahe dem Boden des
Gefäßes unter dem nötigen Druck einführt. Um zu verhüten, daß die zu behandelnde Flüssigkeit in die Gaszuleitungsöffnungen eindringt, muß das Ein

---

[1] Vgl. *Beck:* Geschichte des Eisens 4. Bd. S. 3, 774, 864, 901 bis 943, Braunschweig
1899.

blasen des Gases früher beginnen, als die Flüssigkeit zu den Gaszuleitungsöffnungen gelangen kann. Das wird erreicht, indem man eine von oben ein-
senkbare Röhre anwendet (Abb. 14) oder bei Benützung von mit dem Gefäß fest verbundenen Gaseintrittsöffnungen zunächst das Gebläse in Betrieb
setzt und dann erst die Füllung des Gefäßes vornimmt oder das Gefäß schwenkbar macht, so daß die Gaseintrittsöffnungen nach Belieben über oder unter
die Gefäßfüllung gebracht werden können (Abb. 15)[1]. Die letztere Anordnung
erleichtert die Handhabung, insbesondere wenn die Gaszufuhr unterbrochen
werden soll. Sie gestattet auch, das Ar-
beitsgut ohne Umstände auszugießen,
indem diejenige Öffnung, welche sonst
dem Gasaustritt dient, entsprechend nach
unten gekippt wird.

Abb. 16 zeigt im Längen- und Querschnitt ein „Rührgebläse" von *Gebr. Körting* in Hannover. Das zugehörige Gefäß

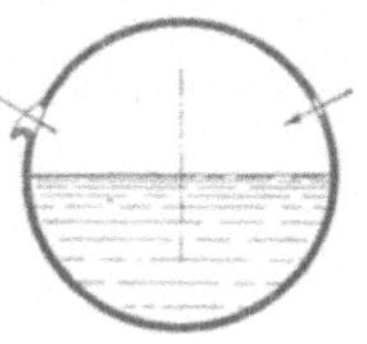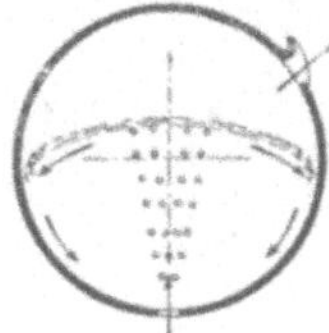

Abb. 15.

ist kastenartig, sein Boden umgekehrt dachförmig. Die Gaszufuhrröhre *L* liegt
in der Mitte des Gefäßes, nahe über dem Boden, und ist, wie Abb. 17 erkennen
läßt, an ihrer Unterseite mit 10 mm weiten Löchern versehen, so daß das Gas
nach unten ausströmt, die Bläschen also möglichst nahe über dem Gefäßboden

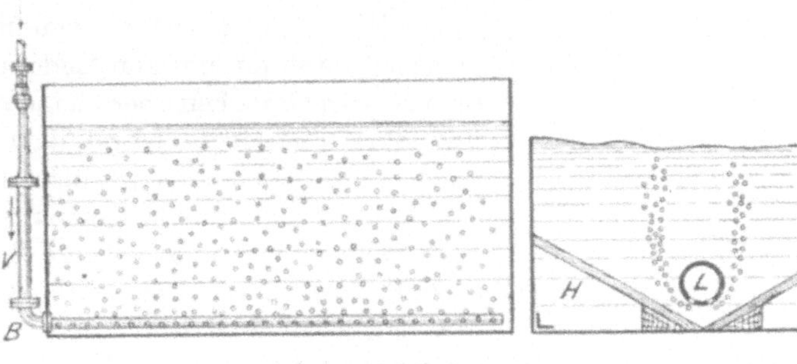

Abb. 16.

zu wirken beginnen. Es wird empfohlen, die einzelnen Röhren *L* nur bis 70 cm
Gefäßweite zu verwenden und für je 50 cm größerer Weite noch eine Röhre
hinzuzufügen. Für den Fall, daß atmosphärische Luft zur Verwendung kommt,
deren Sauerstoff auf das Mischgut schädlich wirkt, soll das Gefäß oben dicht
geschlossen und die einzublasende Luft aus dem oberen Teil
des Gefäßes entnommen werden, wie beispielsweise Abb. 18
andeutet. Es bedarf kaum der Erwähnung, daß je nach Art
des Mischgutes Gefäßwände und Röhre *L* aus Eisen oder
einem anderen Metall, aus Holz oder gebranntem Ton zu
fertigen sind.

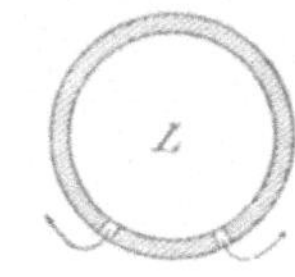

Abb. 17.

---

[1] *Beck:* Geschichte des Eisens 4. Bd. S. 919. Braunschweig 1899.

Als Urbild der Geräte und Einrichtungen, welche feste Flächen zum
Verschieben der Gemischteile benutzen, ist der Handquirl, Abb. 19 und 20,
anzusehen. An einem Stiel a sind vier oder mehr Zacken b gewachsen oder
aus dem vollen Holzstück geschnitzt. Diese Krone wird in die zu rührende

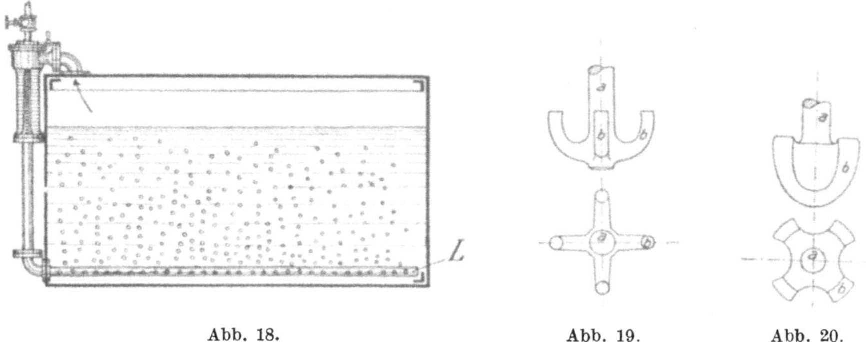

Abb. 18.   Abb. 19.   Abb. 20.

Flüssigkeit getaucht, der Stiel zwischen die flachen Handflächen genommen,
und diese gegeneinander so hin und her geschoben, daß die Krone rechts und
links einige Drehungen macht. Einen vervollkommneten Handquirl stellt
Abb. 21 in Ansicht und Querschnitt dar. Ein aus Draht gebildeter Korb
oder nur ein Bügel a sitzt an einer Hülse b, die sich frei um die Spindel c zu
drehen vermag und in dem Bügel d gelagert ist. Die Spindel c ist einerseits
in der Hülse b, andererseits oben im Bügel d
gelagert, an ihrem unteren Ende mit einem
dem Korb a ähnlichen aber kleineren Korb e
und oben mit einem Kegelrädchen f versehen. Ein gleiches Kegelrädchen sitzt an
der Hülse b, also dem Korb a. In beide
Kegelrädchen greift das größere Rädchen g,
so daß, wenn dieses mit Hilfe der Handkurbel gedreht wird, die Körbe a und e sich
entgegengesetzt drehen. Die Verwendung
dieses Quirls ergibt sich von selbst, nur
sei hervorgehoben, daß hier die Stäbe des
einen Korbes gegenüber der des anderen
Werkzeuge und Stützflächen im Sinne von
Abb. 9, S. 5, sind, während bei dem einfachen Quirl (und auch den mit Gasblasen
arbeitenden Mischvorrichtungen) eigentliche
Stützflächen im vorliegenden Sinne fehlen,
so daß die Reibung an der Gefäßwand und
die Massenwirkung bei Umkehr der Drehrichtung jene Stützflächen ersetzen müssen.

Im großen sind derartige Quirle für
Hand- und Maschinenbetrieb in großer Zahl

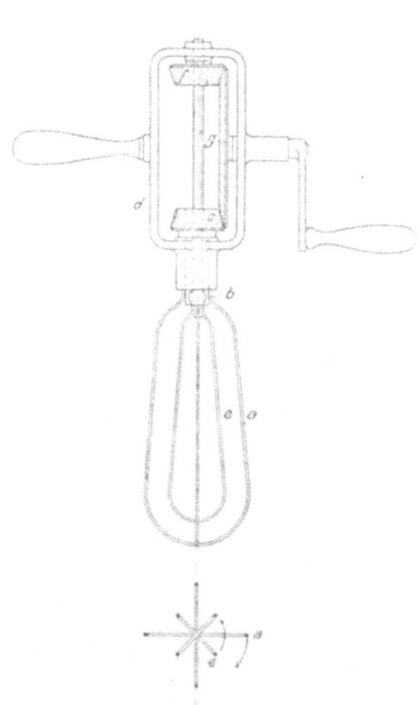

Abb. 21.

und in mannigfacher Ausbildung im Gebrauch, wofür hier einige Beispiele gegeben werden mögen.

Zu den einfachsten gehören die sogenannten Quirlbottiche oder Zeug-bütten der Papierfabriken. Es sei bemerkt, daß diese Zeugbütten den Zweck haben, auf den Stoff — das Gemisch von Wasser mit Fasern — ausgleichend zu wirken. Sie sollen mehrere Holländerfüllungen aufnehmen und für den Bedarf der Papiermaschine bereithalten. Würde man den Stoff im Bottich in Ruhe lassen, so würde das Gemisch teilweise zerfallen und bei weiterer

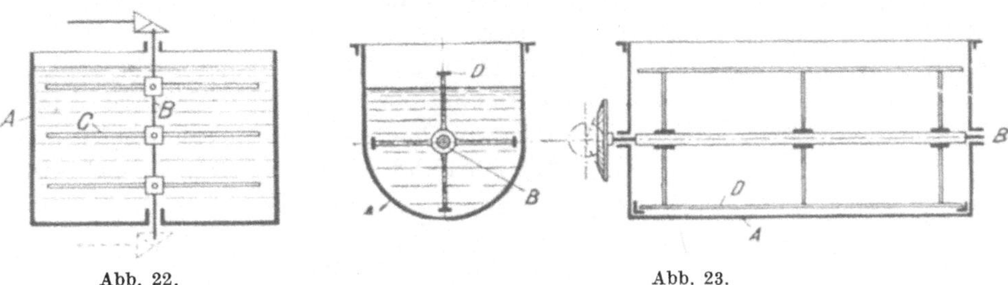

Abb. 22.   Abb. 23.

Verarbeitung ungleich dickes Papier liefern. Der Bottich ist daher mit einem Quirl versehen, z. B. nach Abb. 22. In einem aus Holz, Eisenblech oder auch Zement hergestellten runden Gefäß A befindet sich eine lotrechte Welle B mit mehreren ausgespreizten stangenartigen Armen C. Die Welle wird über, seltener unter dem Bottich angetrieben. In letzterem Falle ist sie durch eine im Bottichboden angebrachte Stopfbüchse gesteckt. Die Drehungsgeschwindigkeit der Welle soll der Länge des Stoffes (d. h. der Fasern) angepaßt sein. Zu große Geschwindigkeit oder überhaupt zu lebhaftes Bewegen des Stoffes kann Ballenbildung herbeiführen, weshalb man auch die Wand des Bottichs glattzumachen pflegt. Der Quirl einer 3 m weiten und 2 m hohen Bütte dreht sich minutlich nur etwa dreimal um. Manche Papiermacher bevorzugen die liegende Anordnung der Zeugbütten, z. B. in der Anordnung, wie Abb. 23 im Quer- und im Längenschnitt andeutet. Das Gefäß A ist dann trogartig und die Welle B entweder nur, wie vorhin angegeben, mit einfachen stangen-artigen Armen versehen, oder es sind nur wenige

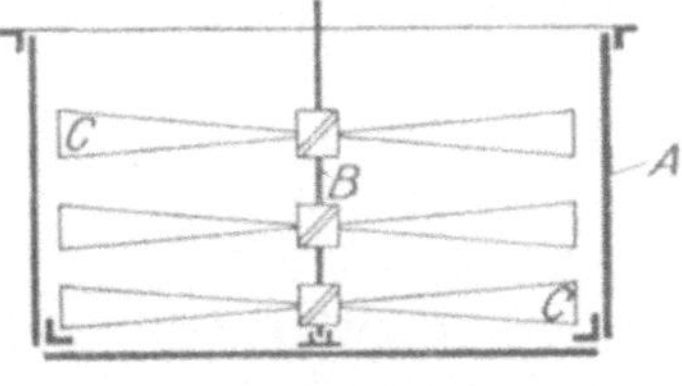

Abb. 24.

Arme vorhanden, die Längsschienen D tragen, welche sich nahe über dem Boden hinweg bewegen.

Statt der stangenartigen Arme werden auch schräggestellte platte Arme verwendet, wie Abb. 24 andeutet. Diese drücken, wie schon S. 6 angegeben, rechtwinklig zu ihrer Breite auf die Flüssigkeit und leiten dadurch schrauben-förmige Bewegungen der letzteren ein, verursachen also lebhaftere Wirbel und kommen deshalb insbesondere da zur Anwendung, wo solche lebhaftere Wirbel zweckmäßig sind. Als Beispiele führe ich die Maischmaschinen der Brauereien und Spiritusbrennereien an. Es handelt sich um das Mischen von

Malzschrot mit Wasser, zuweilen unter Zufuhr oder auch Entziehung von Wärme. Meistens wird die gewünschte Temperatur durch Zuführen von wärmerem oder kälterem Wasser gewonnen, zuweilen aber werden die Wandungen des Mischgefäßes hohl gemacht oder auch die Quirlflügel[1], um in diese Dampf zu leiten oder Kühlwasser hindurchzuführen.

Da die schrägliegenden Rührflächen auch nach oben — oder unten — auf das Mischgut drücken, so genügt für manche Zwecke, insbesondere wenn die Flüssigkeitshöhe eine mäßige ist, solche schräge Rührflächen nur nahe über dem Boden anzubringen.

Abb. 25 und 26 stellen einen solchen Maischbottich, wie *L. A. Riedinger* in Augsburg ihn baut, in lotrechtem Schnitt und Grundriß dar. Auf den Rand des aus Gußeisen bestehenden Bodens ist der aus Eisenblech gefertigte Mantel gesetzt. Durch eine Stopfbüchse des Bodens ragt die unten angetriebene Welle hervor, auf welcher eine Art zweiflügliger Schiffsschraube festsitzt. Diese wird minutlich 40 bis 45 mal gedreht, vermöge welcher großen Geschwindigkeit die umgebende Flüssigkeit in starke lot- und wagerechte Bewegungen versetzt wird, die sich an den Gefäßwänden brechen und durch Reibungswiderstände gestört werden. Die Maschinenfabrik *Riedinger* teilte mir mit, daß für das eigentliche Maischen der Rührflügel $^1/_4$ bis $^1/_2$ Stunde in Betrieb zu sein pflege und bei jedem Übermaischen 5 bis 10 Minuten in Tätigkeit sei.

Abb. 27 ist der lotrechte Schnitt einer Maischmaschine, wie sie *Louis Schwarz & Co., Akt.-Ges.* in Dortmund bauen. Der Boden des Bottichs ist hohl, um ihn heizen zu können; man läßt den Dampf bei *a* eintreten und

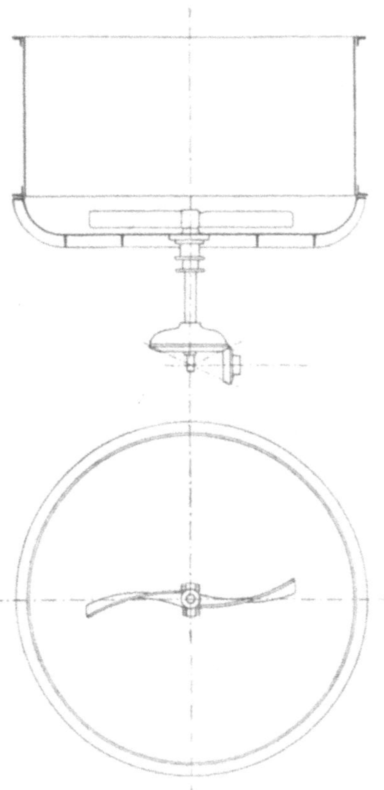

Abb. 25—26.

das gebildete Niederschlagswasser durch *b* abfließen. Das Malzschrot fällt durch die Röhre *d* ein, und die fertige Maische fließt nach dem Öffnen eines Ventiles durch die Bodenöffnung *c* ab. Die Welle *f* des Rührflügels *e* wird unten — z. B. durch einen Elektromotor — angetrieben, und zwar so, daß die Umfangsgeschwindigkeit des Flügels 4,5 bis 5 m sekundlich beträgt. Der Flügeldurchmesser ist im Mittel gleich $^2/_3$ des Bottichdurchmessers, und dieser wird je nach dem verlangten Aufnahmevermögen zu 2 bis 5 m, ausnahmsweise bis 6,4 m ausgeführt. Abb. 28 zeigt die Gestalt der Hälfte des Rühr-

---

[1] Vgl. *Johann Hampel:* D. R. P. Nr. 12 320 vom 15. Febr. 1881.

flügels im Grundriß und Abb. 29, 30, 31 sind an verschiedenen Stellen genommene Querschnitte in doppeltem Maßstabe. Man erkennt daraus, daß die Rührflügel im Querschnitt ein wenig hohl sind, in der Nähe der Nabe nach vorn überhängen, in der Mitte etwa lotrecht stehen und am Ende zurückgeneigt sind. Das unmittelbare Rühren findet nur in einem kleinen Raumteil der Gefäßfüllung statt; die hier hervorgebrachte Bewegung wird auf die anderen Teile übertragen.

Ähnlich verfährt *Jakobi*[1] beim Mischen von Mineralölen.

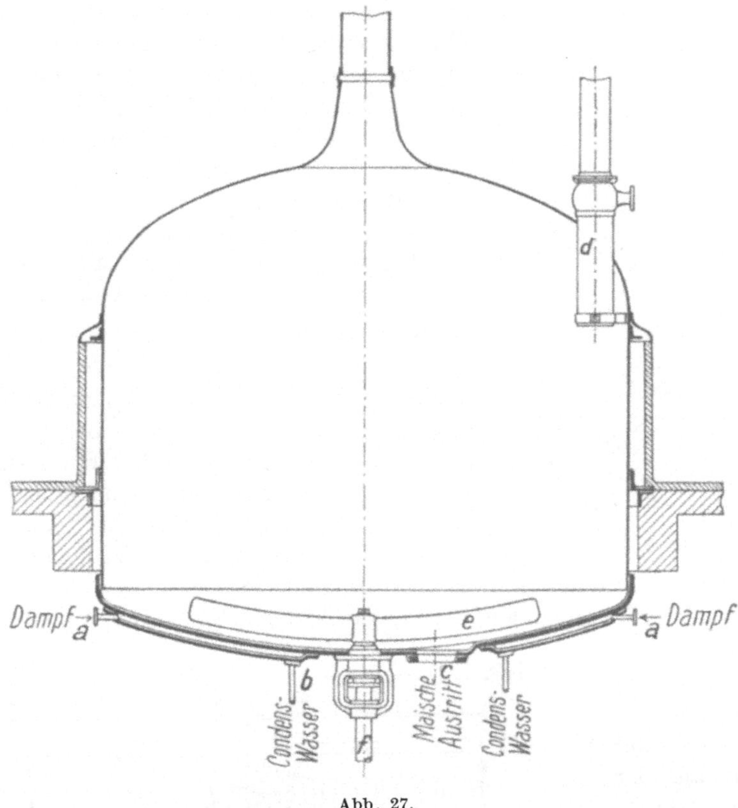

Abb. 27.

Welch[2] und ähnlich *J. H. Annandale*[3] legen eine Art Pumpe in das Mischgefäß, dessen Boden entsprechend gerundet ist, um die Strömung des Gemisches nicht zu sehr zu stören.

Eine von der Maschinenfabrik *Germania* in Chemnitz ausgeführte Maischmaschine für kleine Sudwerke zeigt Abb. 32 in lotrechtem Schnitt. Die in der Mitte des Bottichs gelagerte, stehende Welle a ist zu unterst mit zwei

---

[1] Dinglers Polytechn. Journ. Bd. 168, S. 261, 1863, m. Abb.
[2] Dinglers Polytechn. Journ. Bd. 262, S. 30, 1886, m. Abb.
[3] Dinglers Polytechn. Journ. Bd. 286, S. 27, 1892, m. Abb.

schrägen Flügeln *b* ausgestattet; über ihnen sitzt, um die Welle *a* frei drehbar, ein Quirl *c*, erheblich geringeren Durchmessers als *b*, der sich demgemäß viel rascher dreht. Zu dem Zwecke sitzt auf der Welle *a* das größere Rädchen *d* fest, welches in das kleinere des Räderpaares *e* greift. Das Räderpaar *e* ist um einen ruhenden Bolzen frei drehbar, und das untere, größere Rad dieses Paares greift in das kleinere *f*, welches mit dem Quirl *c* fest verbunden ist. Der Quirl *c* dreht sich demnach etwa viermal rascher als das Flügelpaar *b*, aber in derselben Richtung, so daß das Mischgut geneigt ist, sich dieser Drehbewegung anzuschließen. Dem treten die Flachstäbe des ruhenden Gitters *g* entgegen und verursachen dadurch neue Wirbelungen. Der Antrieb dieser leicht gehenden Maschine erfolgt durch Handkurbeln oder auch durch Treibriemen.

Ebenfalls für kleinere Werke bestimmt ist die Maischmaschine, welche Abb. 33 darstellt. Auch hier trägt die stehende Welle *a* nahe am Bottichboden zwei schrägliegende Rührflügel *b*. Außerdem sind zwei im Querbalken des Bottichs gelagerte, sich mit größerer Geschwindigkeit drehende Quirle *c* angebracht. Sie wirken teils durch ihre Drehung, teils ähnlich dem festen Gitter *g*, Abb. 32, indem sie den durch die Flügel *b* hervorgerufenen Drehungen des Mischgutes hemmend entgegentreten.

Von den vorkommenden vielen, verschiedenartigen Zusammenstellungen der Quirle seien noch die folgenden angeführt. *Johnson*[1] befestigt auf der mittleren stehenden Welle *a*, Abb. 34, einen hufeisenförmigen Rahmen *b* und lagert einerseits in den herabhängenden Armen dieses Rahmens, andererseits in einer Verdickung der Welle *a* zwei liegende Wellen *c*, auf denen

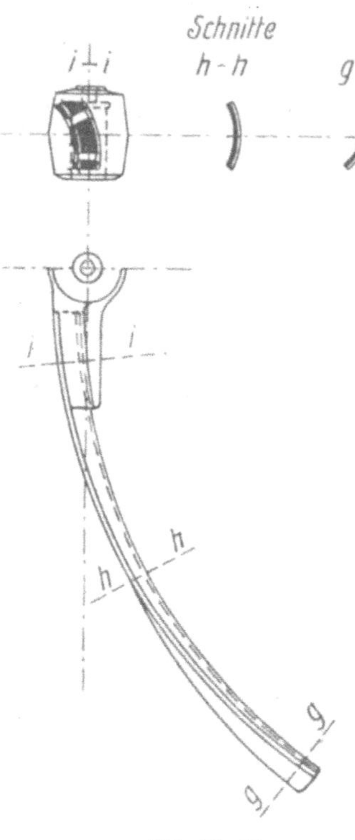

Abb. 28—31.

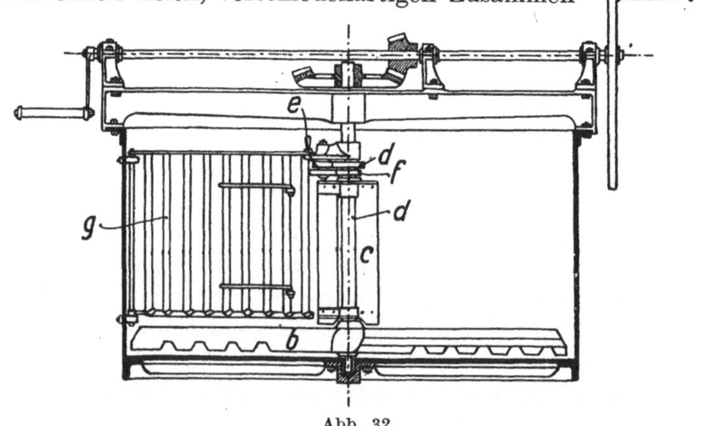

Abb. 32.

---

[1] D . R . P. *John Henry Johnson* in London Nr. 13 020 vom 2. März 1881.

je drei Schaufelräder d sitzen. Auf jeder der Wellen c sitzt ferner ein Kegelrädchen e, und diese beiden Räder stehen mit dem am Bottich festen Kegelrad f im Eingriff. Sobald a gedreht wird, bewegen sich die Schaufelräder d im Bottich herum und drehen sich außerdem um ihre eigene Achse und bewirken dadurch ein lebhaftes Durcheinanderspülen des Mischgutes.

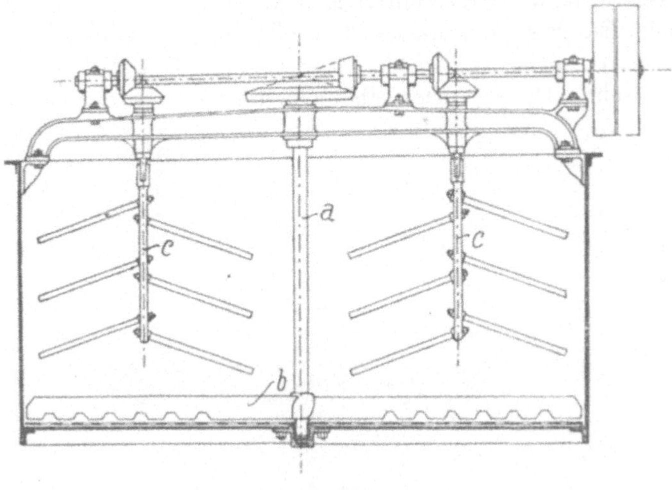

Abb. 33.

In lotrechter und wagerechter Ebene kreisende Mischräder enthält auch die größere Maischmaschine der *Maschinenfabrik Germania, vorm. J. S. Schwalbe* in Chemnitz, die Abb. 35 im Schnitt darstellt. Es fehlen die dem Boden nahen Flügel, welche Abb. 25 bis 33 kennzeichnen. Dafür sind ein

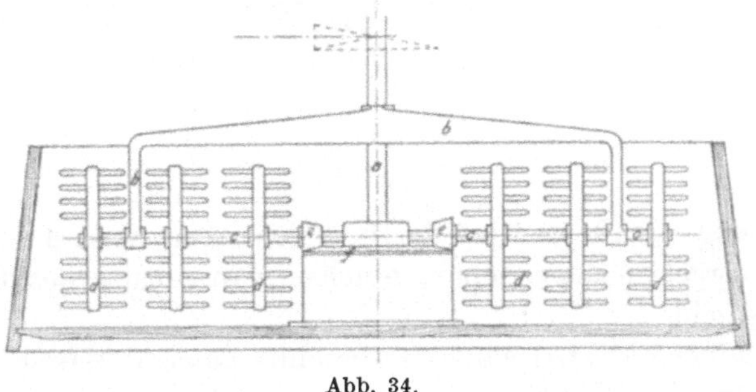

Abb. 34.

Quirl mit wagerechter und ein solcher mit lotrechter Achse an der Mittelwelle gelagert, so daß diese sich mit dieser Mittelwelle und außerdem um ihre eigene Achse drehen. Die Mittelwelle dreht sich, durch Maschinenkraft angetrieben, minutlich etwa 15 mal, der liegende Quirl etwa 34 mal und der aufrechte Quirl ebenso rasch als letzterer. Der Antrieb des liegenden Quirls, Abb. 35, findet durch das am Boden des Bottichs befestigte Kegelrad f, welches in das mit der Quirlwelle verbundene Rädchen e eingreift, statt. Der aufrechte

2*

Quirl wird durch die Räder h und i unter Vermittlung eines Zwischenrades gedreht, indem h am Querbalken des Bottichs festsitzt. Das Zwischenrad ist eingeschaltet, um die Drehrichtung der nach außen liegenden Flügel des aufrechten Quirls der Drehrichtung des Ganzen entgegenzusetzen. Diese nach außen liegenden Flügel wirken also in dem gleichen Sinne, wie das Gitter g bei der durch Abb. 32 dargestellten Maschine.

Um beim Eintragen des Malzes Staubbildung zu verhüten, wird das Malzschrot in dem Vormaischer d, Abb. 35, mit einem Teil des zu verwendenden Wassers gemischt. Dieser Vormaischer arbeitet nach Art der stetig wirkenden

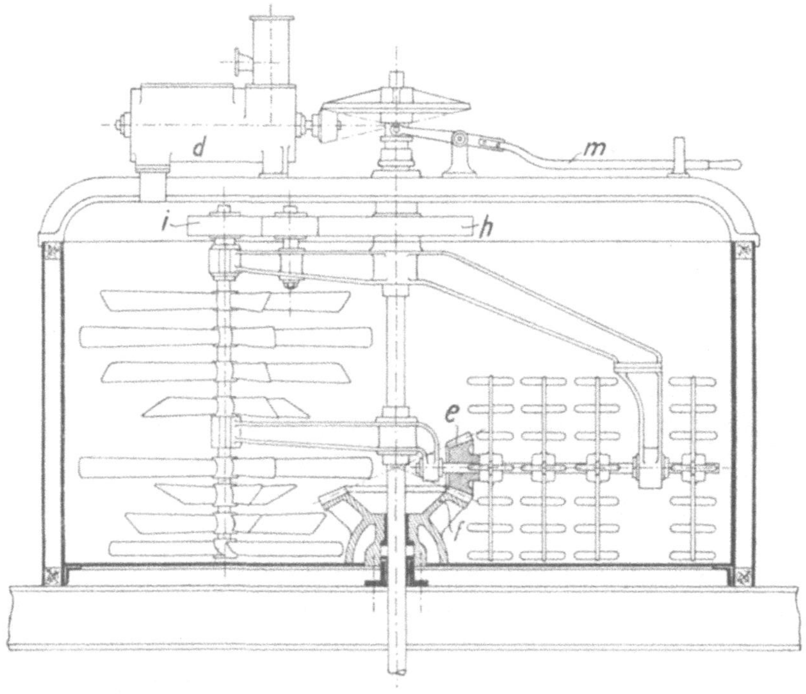

Abb. 35.

Mischeinrichtungen und wird bei diesen beschrieben werden. Er wird durch ein Kegelradvorgelege angetrieben, welches man mittels des Handhebels m ein- oder ausrückt.

Die *Maschinenfabrik Germania* in Chemnitz baut die Maischmaschine nach Abb. 35 in folgenden Größen:

Inhalt in hl.....	35	50	65	80	100	115	130	160	200	230	255
Durchmesser in m	1,90	2,25	2,50	2,75	3,00	3,25	3,45	3,75	4,00	4,20	4,50
Höhe in m	1,20	1,26	1,33	1,33	1,43	1,40	1,42	1,45	1,60	1,60	1,60

Mit der Maischmaschine nahe verwandt ist ein Mischkessel zum Erzeugen von Seifenemulsion[1]. In dem behufs Verwendung von Heizdampf

---

[1] Dinglers Polytechn. Journ. **261**, 129, 1886, m. Abb.

hohlwandigen, aufrechten Kessel dreht sich ein Rührflügel links oder rechts herum. Er streift die Kesselwand, um die Bildung eines Ansatzes zu verhüten. Mit der Welle des Rührflügels dreht sich ein schraubenartiger Quirl, der sich außerdem um seine eigene Achse dreht.

Die Maischmaschine von *Eckert*[1] (für Brennereien) ist liegend angeordnet. Die Rührflügel sind aus Röhren gebildet. Diese sind so mit der hohlen Welle verbunden, daß eine Kühlflüssigkeit hindurchgedrückt werden kann.

Bei den Mischmaschinen mit längerem Trog nimmt die eigentliche Maschine nur einen kleinen Teil des gesamten Raumes ein. Es mögen hier zwei Formen dieser Maschinen angeführt werden.

Der sogenannte Bleichholländer, Abb. 36 und 37, welcher seinen Namen von seiner Verwendung für das Mischen der Bleichflüssigkeit mit den Papierfasern (Halbstoff), bzw. von der Ähnlichkeit seiner Bauweise mit dem zum Zerkleinern dienenden „Holländer" hat, besteht aus einem 3 bis 4 m langen Troge, der durch eine Zwischenwand *a* in einen endlosen Kanal verwandelt

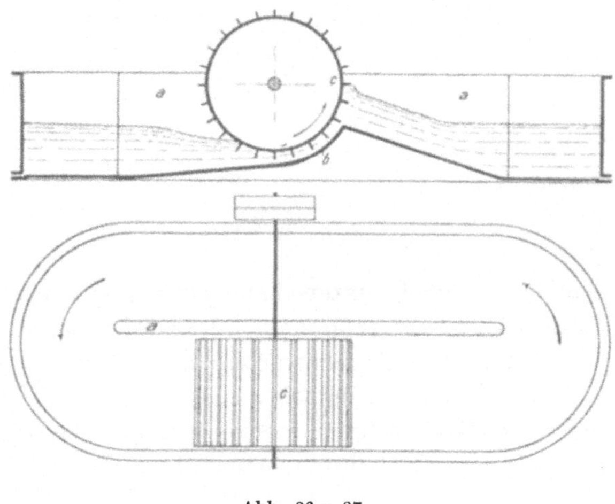

Abb. 36 u. 37.

ist. In dem einen langgestreckten Teil dieses Kanales ist eine Bodenerhebung *b* (die jedoch auch zuweilen fehlt), d. i. der sogenannte Kropf, angebracht. Über dem Kropf liegt eine Trommel *c* mit vorragenden Schienen (oder eine Welle mit breitem Schaufelrad), welche minutlich 65 bis 200 Drehungen macht. Die Flügel heben das Mischgut über den Kropf, so daß der Flüssigkeitsspiegel hinter dem Kropf erheblich höher liegt als vor dem Kropf, und demnach das Mischgut zu mehr oder weniger raschem Durchströmen des Kanales veranlaßt wird.

Während beim Bleichholländer der Trog langgestreckt ist und ruht, ist der Trog der Mischmaschine von *Lebaudy*[2] als kreisförmiger Ring ausgebildet, der sich um seine lotrechte Achse langsam dreht (minutlich 5 mal). In diesem Trog arbeiten ein lotrechter Quirl *a*, Abb. 38, und um 90° gegen

---

[1] D. R. P. Nr. 35 237 vom 8. Sept. 1885; Dinglers Polytechn. Journ. **260**, 562, 1886, m. Abb.

[2] Portefeuille économique des machines, Sept. 1874, m. Abb.; Public. industriell. **27**, 7, 1881, m. Abb.; Civilingenieur 1889, S. 551, m. Abb. Die Maschine ist unter dem 30. Juni 1830 in Frankreich für *David* patentiert, später von *Lebaudy* in ihrer Ausbildung verbessert worden.

diesen verlegt zwei Rührwerkzeuge *b*, welche sich um eine wagerechte Achse drehen. Der Quirl *a* besteht aus einer durchbrochenen Platte, wie die Abbildung erkennen läßt, die Rühr- oder Knetwerkzeuge sind in verschiedenen Ausführungen verschieden gebogen und durchbrochen. Der Antrieb erfolgt durch angehängte dreipferdige Dampfmaschine oder durch einen Treibriemen, der auf die Rollen *c* gelegt ist. Von der Welle dieser Rollen aus wird durch Kegelräder, eine stehende Zwischenwelle und Stirnräder zunächst der Quirl minutlich etwa 16 mal gedreht, dann der Trog, wie schon angegeben, etwa 5 mal, endlich werden von der stehenden Welle des Troges aus durch Kegelräder die beiden Knetflügel *b* etwa 11 mal in der Minute gedreht.

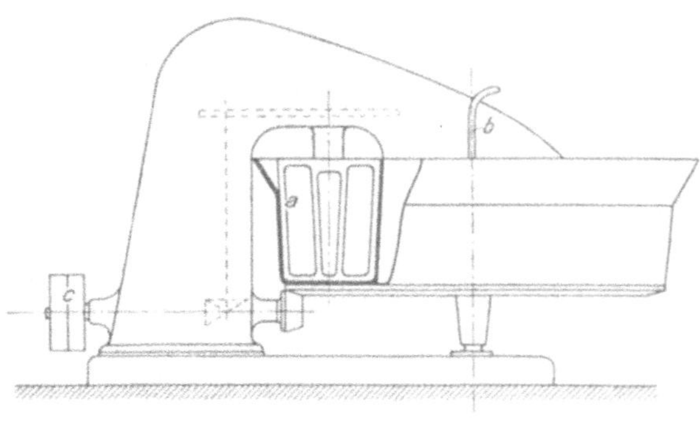

Abb. 38.

Die Behandlung dünnflüssiger Gemische in kreisenden Trommeln unterscheidet sich fast gar nicht von derjenigen trockener Sammelkörper in Trommeln, ist überdem wenig gebräuchlich, so daß ich auf die später folgende Erörterung der letzteren verweisen kann.

Erwähnt seien jedoch an dieser Stelle Mischmaschinen, deren Wirkung auf dem Durchströmen enger Öffnungen beruhen, und als Beispiel diene die durch Abb. 39 dargestellte Einrichtung. *b* bezeichnet einen Bottich, welcher das Mischgut aufnimmt, *a* einen durchbrochenen Kolben, welcher mittels der Hand oder durch Kurbel und Lenkstange auf und ab bewegt wird. Bewegt sich der Kolben nach unten, so muß das Mischgut die Durchbrechungen des Kolbens und den zwischen Kolben und Bottichwand befindlichen Spielraum durchfließen, wobei mehr oder weniger heftige Wirbel entstehen. Beim Aufgang des Kolbens tritt zwar derselbe Vorgang ein, allein nicht mit der gleichen Sicherheit. Anfangs, wenn der Kolben von hoher Flüssigkeitsschicht bedeckt ist, drückt diese und auch die Atmosphäre das Mischgut durch die Öffnungen. Mit der Abnahme der über dem Kolben befindlichen Flüssigkeitshöhe nimmt der von dieser herrührende Druck ab, vor allem aber wirkt das Durchbrechen der über dem Kolben befindlichen Flüssigkeit seitens der Atmosphäre sehr störend, indem dadurch der Atmosphärendruck in Wegfall kommt. Man hat früher diese Einrichtung in Brotfabriken zum Mischen von Mehl und Wasser benutzt. Jetzt wird sie wohl nur selten gefunden.

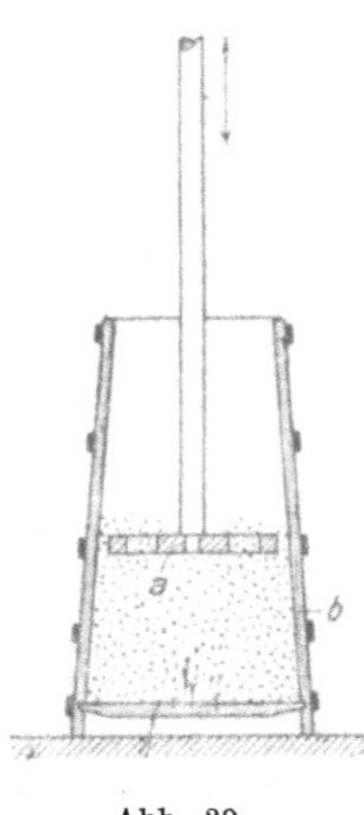

Abb. 39.

2. Breiartige Gemische.

Die Ordnung der Mischmaschinen nach dem Fließvermögen der Gemische liefert keine scharfen Grenzen. Es lassen sich, wie die Tatsachen beweisen, manche der bisher besprochenen, für dünnflüssige Gemische bestimmte Vorrichtungen oder Maschinen auch für breiartige Gemische verwenden, wie auch manche der für dickflüssigere Gemische bestimmte Maschinen für dünnflüssige, wenn auch nur zeitweise, Verwendung finden. Es ist nur zu beachten, daß dickflüssigere Gemische größere Widerstände bieten, also kräftigere Maschinen und kräftigere Antriebe verlangen und mit weniger großen Geschwindigkeiten zu arbeiten pflegen, insbesondere aber größere Schwierigkeiten bei dem Reinigen der Gefäße wie Rührwerkzeuge bieten. Postenweises Mischen verlangt im allgemeinen das Säubern der Maschine nach Bearbeitung jedes Postens; nicht selten ist dieses Säubern mit peinlichster Sorgfalt auszuführen, insbesondere wenn die einzelnen Posten nicht von gleicher Art sind. Es ist daher bei dem Bau der Maschinen ihrer Reinigung, d. h. der Reinigung von den Mischstoffen, gebührend Rechnung zu tragen.

Bei dünnflüssigen Gemischen ist eine bequeme und gute Reinigung meistens leicht durchzuführen. Es wird die Maschine ausgespült oder nachgespült. Indessen kommt auch bei diesen — je nach Art der zu mischenden Stoffe — zuweilen eine umständlichere Reinigung in Frage. Ich erinnere nur daran, daß, wenn trockene Stoffe mit flüssigen gemischt werden sollen, ein Teil der ersteren in Ecken und Winkeln sich

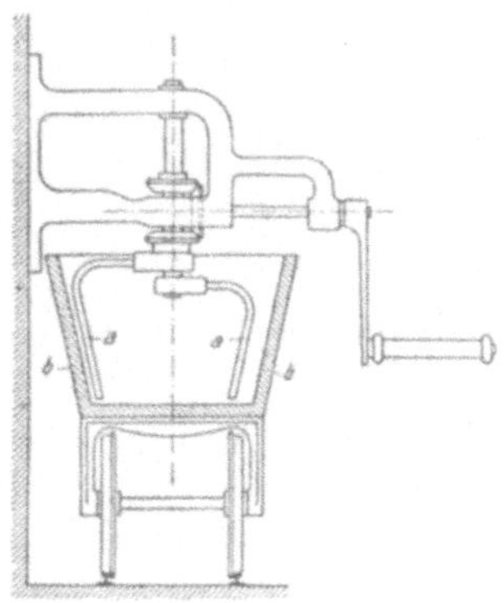

Abb. 40.

festsetzt, wenn solche Ecken und Winkel sich ihnen darbieten, und aus ihnen durch besondere Mittel oft unter größerem Zeitaufwand entfernt werden muß.

Das kommt aber besonders bei dem Erzeugen breiartiger Gemische in Frage, worin eine Berechtigung für das Trennen der Maschinen für breiartige von denen für dünnflüssige Gemische liegt.

Dünnflüssige Gemische kann man nach ihrer Bearbeitung abfließen lassen, durch Pumpen oder andere Mittel hinwegbefördern. Nicht so einfach ist das Austragen breiartiger Gemische, da diese nicht ausfließen, oder doch nur mit geringer Geschwindigkeit. So gehört die Rücksichtnahme auf das Austragen auch zu der Eigenart der Maschinen für breiartige Gemische.

Hervorragende Beispiele der Maschinen für breiartige Gemische sind die Teigbereitungsmaschinen der Bäckereien. Sie schließen sich derjenigen für dünnflüssige Gemische insofern an, als — meistens — zunächst ein dünnflüssiges Gemisch erzeugt wird, dem man dann allmählich mehr und mehr Mehl hinzufügt.

Die mir als älteste Teigbereitungsmaschine bekannte, welche seit 1780

in Genua in Gebrauch war[1], war nur ein roher Quirl, welcher in einem Bottich
arbeitete. Der Quirl wurde durch ein Tretrad angetrieben.

  . Die Zwiebackbäckerei in der *Royale Clarence Victualing Jard zu Gosport*[2]
mischte zunächst in einem Trog mit liegendem Rührer (ähnl. Abb. 23, S. 15),
worauf der Teig mehrere Male ausgewalzt und zusammengeschlagen wurde.

  Die S. 21 beschriebene *Lebaudy*sche Maschine hat sich in Frankreich viele
Freunde erworben, ist sehr viel zur Bereitung leichterer Teige verwendet und,
soweit mir bekannt, noch jetzt im Gebrauch. In bezug auf das Austragen
des Teiges und die Reinigung der Maschine läßt sie viel zu wünschen übrig.

  Von nach Art der Quirle arbeitenden Maschinen ist die *Purel*sche Teig-
knetmaschine[3] vorteilhafter.

  Ein aus zwei kurbelartigen Armen *a*, Abb. 40, die sich entgegengesetzt
drehen, bestehender Quirl arbeitet in dem Trog *b*. Dieser sitzt auf einem

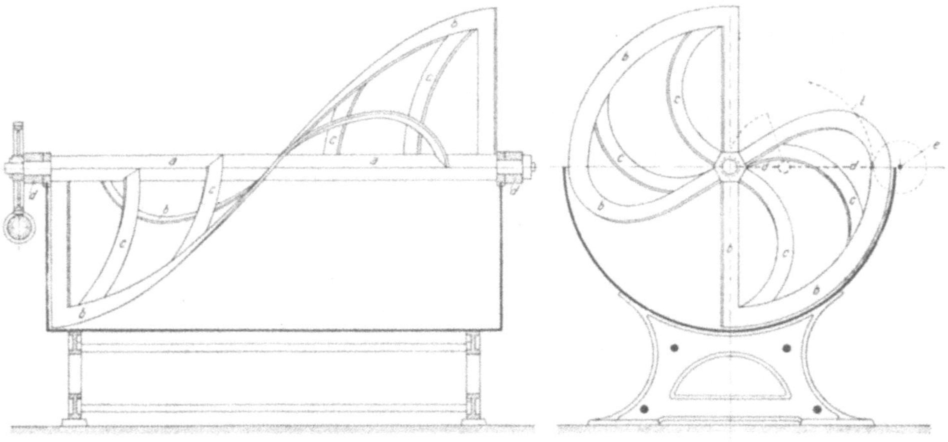

Abb. 41.   Abb. 42.

sich langsam hin und her bewegenden Wagen. Nach Erledigung der Arbeit
kann das Gestell *c*, in welchem die Quirlwelle und deren Antrieb gelagert
ist, so emporgehoben werden, daß man den Trog hinwegfahren kann, um
ihn zu entleeren und zu reinigen. Die Rührarme sind, wie aus dem Bilde
hervorgeht, sehr einfach gestaltet, können also von dem anhaftenden Teig
durch einen Schaber leicht gereinigt werden. Der abgeschabte Teig wird,
um ihn zu verwerten, dem übrigen Teig mittels der Hand beigemischt. Das ist
eine Unvollkommenheit, die leider noch allen Teigmischmaschinen anhaftet.

  Für eine Reihe anderer Maschinen bildet die Maschine von *Boland* in
Paris den Ausgangspunkt. Sie ist seit 1847 bekannt und kann jetzt wohl
als veraltet angesehen werden. Trotzdem bringe ich hier Abbildungen der-

---

[1] *Geißler:* Instrumente **6**, 53, 1796, m. Abb. Nach *Birnbaum:* Brotfabrikation,
Braunschweig 1878, soll schon 1760 eine Brotteigmischmaschine von *Salignac* gebaut
worden sein.
  [2] Berl. Verhandl. 1836, S. 293, m. Abb.
  [3] Dinglers Polytechn. Journ. Bd. 263, S. 464, 1887, m. Abb.

selben, und zwar weil sie Eigenheiten enthält, die noch heute als muster-
gültig angesehen werden. Abb. 41 und 42 zeigen die Maschine im Längsschnitt und Querschnitt[1]. Der Trog hat halbrunden Querschnitt und enthält in seinen Endwänden die Lager des Knetwerkzeuges. Dieses besteht aus
einer sechskantigen Welle a, an welcher zwei, in der Hauptsache schrauben-
förmige Flügel b befestigt sind, welche aus Flacheisen bestehen. Das Flacheisen bildet zunächst einen in der Halbmesserrichtung liegenden geraden
Arm, dessen Länge dem größten Halbmesser des Werkzeuges entspricht, ist
dann rechtwinklig umgebogen, verläuft etwa um einen Viertelkreis schraubenförmig und wendet sich darauf im Bogen der Welle a wieder zu, dort sich
einer Flachseite rechtwinklig aufsetzend. Gebogene Arme c dienen zum
Teil als Stützen des Hauptteiles, helfen aber gleichzeitig beim Mischen. (Ich
bemerke, daß das Werkzeug in der Quelle etwas verzeichnet ist.) Der in der
Halbmesserrichtung liegende Arm des Hauptteiles liegt schräg zur Drehungsebene und nahe an der Endwand des Troges, so daß er den Teig von dieser
ablöst; der übrige Teil schließt sich der zylindrischen Trogwand möglichst
an, um den Teig von dieser abzulösen. Der eine Flügel drängt den Troginhalt
nach rechts, der andere nach links. Es ist ein Antrieb durch Wurmrad und
Kegelradvorgelege vorgesehen, was unwesentlich ist.

Um beim Entleeren des festen Troges durch das Mischwerkzeug nicht
behindert zu werden, wird das letztere ausgehoben. Seine Lager sind zu diesem
Zweck mit den Stirnwänden des Troges nicht fest verbunden, sondern sitzen
an den Enden doppelarmiger Hebel d, die um feste Bolzen schwenkbar sind
und an ihrem anderen Ende mit einem Zahnbogen i versehen sind. In diese
Zahnbogen greifen auf der Nebenwelle e festsitzende Rädchen. Die Welle e kann
durch eine Handkurbel gedreht werden. Es wird zwar bei den für Abb. 41
und 42 gewählten Verhältnissen die Zugänglichkeit nicht erheblich gefördert,
aber der das Entleeren und Säubern besorgende Arbeiter vor Verletzungen
geschützt, da mit dem Erheben des Werkzeuges sein Antrieb wegfällt.

Es scheint auch von *Boland* zuerst vorgeschlagen zu sein, den Trog
behufs Entleerens schwenkbar zu machen[2].

Ferrand hatte zwar schon 1829 schraubenförmig gebogene Schienen zum
Mischen verwendet[3]; es war die Neigung des Gewindes aber sehr flach. Auch
das Ausschwenken des Mischwerkzeuges war von *Ferrand* bereits vorgesehen,
wurde aber durch *Boland* erst allgemeiner bekannt.

Das *Boland*sche, durch Abb. 41 und 42 dargestellte Mischwerkzeug ist
wegen dessen Gliederung, der vielen scharfwinkligen Ecken und der lang
hindurchgehenden Welle schwer zu reinigen.

In dieser Richtung ist ein Mischwerkzeug zweckmäßiger, welches dem
Bäcker *Hodgkinson* im Jahre 1858 patentiert wurde[4]. Es besteht aus zwei,

---

[1] *Prechtl:* Technolog. Encykl., Supplemente 2, 70, 1859, m. Abb.
[2] Vgl. auch Civilingenieur 1889, S. 550, m. Abb.
[3] *Hülsse:* Allg. Masch.-Encykl. Bd. 1, S. 690, 1841, m. Abb. Diese Quelle enthält
eine ungemein fleißig bearbeitete, bis 1840 reichende Übersicht über Bäckereimaschinen.
[4] Civilingenieur 1889, S. 553, m. Abb. Engl. Patent Nr. 1509 vom 9. Juli 1858.

in derselben Achse einander gegenüberliegenden zweizinkigen Gabeln, deren
Zinken schraubenförmig gebogen sind. Da jede Gabel von gemeinsamer Vor-
gelegewelle aus besonders angetrieben wird, so fällt auch die hindurchgehende
Welle hinweg. Die Gabeln drehen sich entgegengesetzt um. Die Maschine
ist von *Pintus* in Deutschland eingeführt[1].

Freyburger[2] bildete das Mischwerkzeug als schräg zur Drehachse liegende
Scheibe aus. Der Rand dieser Scheibe erscheint als eine Art Schraubengang,
welcher zur Hälfte rechtsgängig, zur anderen Hälfte linksgängig ist. Diese

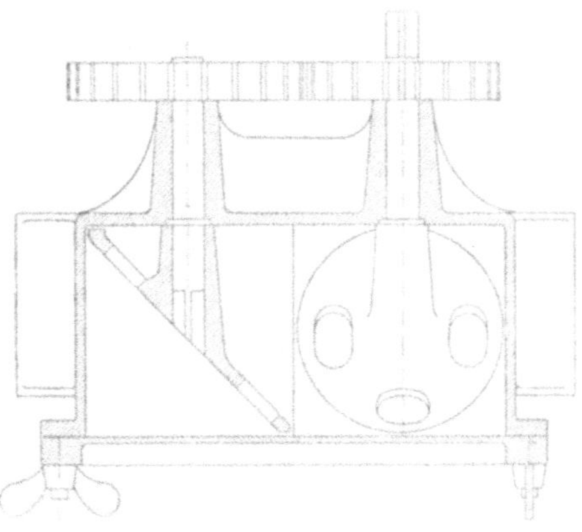

Abb. 43.

Scheibe läuft in ihrer Nabe, in welcher
die Welle steckt, durch allmähliche
Übergänge aus, so daß das Werkzeug
leichter gereinigt werden kann. Der
Doppelantrieb fällt hinweg. Dafür
sind zwei Werkzeuge nebeneinandergelegt, die sich in entgegengesetzter
Richtung mit verschiedener Geschwindigkeit drehen. Der Trog ist gewissermaßen aus zwei Trögen mit halbrunden Böden gebildet. Abb. 43 ist
ein wagerechter Schnitt durch die
Freyburger-Maschine. Man erkennt
aus dieser Abbildung, daß die schiefen
Scheiben von ihren Wellen durch
Vierkante mitgenommen werden. Die Scheiben können — nach dem Ent-
fernen des Trogdeckels — ohne weiteres von der Welle gezogen und — vielleicht nach stattgehabter Reinigung — wieder aufgesteckt werden.

Paul Pfleiderer hat diese Maschine weiter ausgestaltet[3]. Sie wird in verschiedener Durchbildung von *Werner & Pfleiderer* in Stuttgart-Cannstatt ge-

Abb. 44.

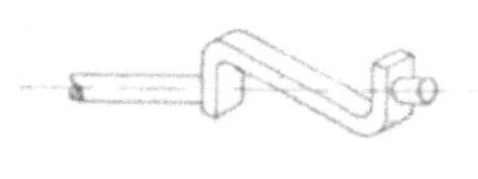

Abb. 45.

baut, und zwar sowohl mit einem, als auch mit
zwei Werkzeugen. In der Patentschrift sind zahlreiche, verschiedene Gestalten der Mischwerkzeuge
angegeben. Sie sollen der Eigenart des Mischgutes
angepaßt werden; leider fehlt die Angabe der
Gesichtspunkte, nach welchen die Auswahl getroffen
werden soll. Ich muß mich daher auf die An-
führung einiger Beispiele von Werkzeugsgestalten
und die Gesamtdarstellung einer Brotteigmischmaschine beschränken.

Kennzeichnend ist, daß alle Werkzeuge — mit einer Ausnahme — zwei
Zapfen haben.

Abb. 44 und 45 zeigen beispielsweise Werkzeuge für Maschinen, welche

---

[1] Dinglers Polytechn. Journ. Bd. 175, S. 187, 1865, m. Abb.
[2] D. R. P. Nr. 1454 vom 29. Juli 1877.
[3] D. R. P. Nr. 10 164; Prakt. Maschinenkonstr. 1882, S. 271, m. Abb.; Civilingenieur
1889, S. 554, m. Abb.

nur eins derselben besitzen; die Flügel verlaufen nicht schraubenförmig; es wird vielmehr das Verschieben des Mischgutes längs der Achse dadurch erreicht, daß die wirksamen Flügel gegeneinander um 180° versetzt sind. Das dem einen Flügel ausweichende Gut gelangt zum Teil in den neben ihm befindlichen Hohlraum und wird demnächst wieder zurückgedrängt. Bei den durch Abb. 46 dargestellten, paarweise zu verwendenden Werkzeugen findet man die Schraube neben der Ausklinkung, deren Wirkungsweise soeben angegeben wurde.

Es ist bei den mit zwei Werkzeugen versehenen Maschinen der Umstand zu beachten, daß der Abstand der beiden Achsen nicht immer gleich ist dem größten von den Werkzeugen beschriebenen Kreis — wie bei *Freyburger* —, sondern oft erheblich kleiner. Da die Flügel mit verschiedener Geschwindigkeit arbeiten, so ist darauf Bedacht zu nehmen, daß sie nicht gegeneinander stoßen. Das kann durch passende Wahl des Geschwindigkeitsverhältnisses erreicht werden (regelmäßig wie 1 : 2), aber auch gleichzeitig durch geeignete Gestaltung der Flügel. Nach Abb. 47 besteht der Flügel — wie bei *Freyburger* — aus einer ebenen, mit der Nabe verbundenen Platte, welche mit

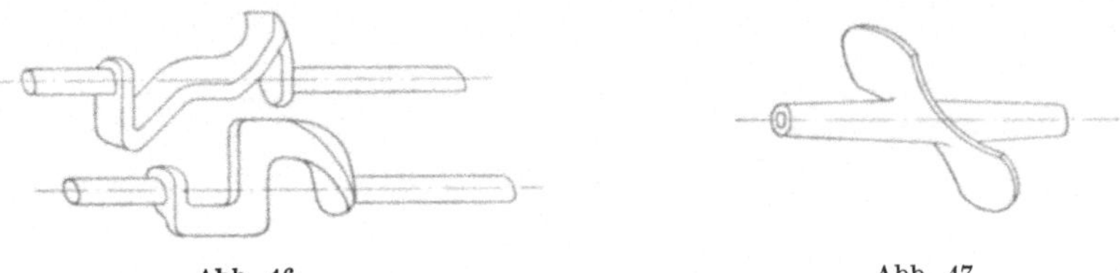

<table>
<tr><td>Abb. 46.</td><td>Abb. 47.</td></tr>
</table>

zwei Ausschnitten versehen ist. Diese Ausschnitte erleichtern teils die soeben genannte Aufgabe, sie lassen ferner das ausweichende Mischgut hindurchtreten (wie die Durchbrechungen bei *Freyburger*), ohne dem späteren Reinigen erhebliche Schwierigkeiten zu bereiten.

Eine Gesamtdarstellung der *Werner* & *Pfleiderer*-Maschine für Brotteigbereitung geben Abb. 48 in Vorder-, Abb. 49 in Seitenansicht und Abb. 50 im Grundriß, in etwa $^1/_{20}$ der wahren Größe.

Aus Abb. 50 e kennt man, da sie ohne den Trogdeckel gezeichnet ist, die Gestalt der Knet- oder Mischwerkzeuge a und a_1. Es ist deren Achsenabstand gleich dem Doppelten ihres größten Halbmessers, weshalb das Geschwindigkeitsverhältnis $1 : 2^1/_4$ ohne weiteres zulässig ist. Es sollen die Antriebsriemenrollen b und c sich minutlich 150 mal drehen. Daraus ergeben sich für das Werkzeug a — wegen der Übersetzung von etwa 1 : 5 — rund 30, und für das Werkzeug a_1 rund $13^1/_2$ minutliche Drehungen, welche zwischen a und a_1 entgegengesetzt gerichtet sind, im übrigen aber sowohl in der einen wie in der anderen Richtung erfolgen können. Das ist auf folgendem Wege erreicht: Die beiden Antriebsrollen b und c drehen sich, wie durch Pfeile angedeutet, entgegengesetzt, indem der eine Treibriemen „offen“, der andere gekreuzt ist; sie drehen sich zunächst lose um Büchsen $d\,e$ ihrer Welle f, Abb. 51. Sie werden an ihrem Orte gehalten durch den Ring g, welcher an einem vorspringenden Hohl-Zapfen l des Gestelles befestigt ist, durch den Doppel-

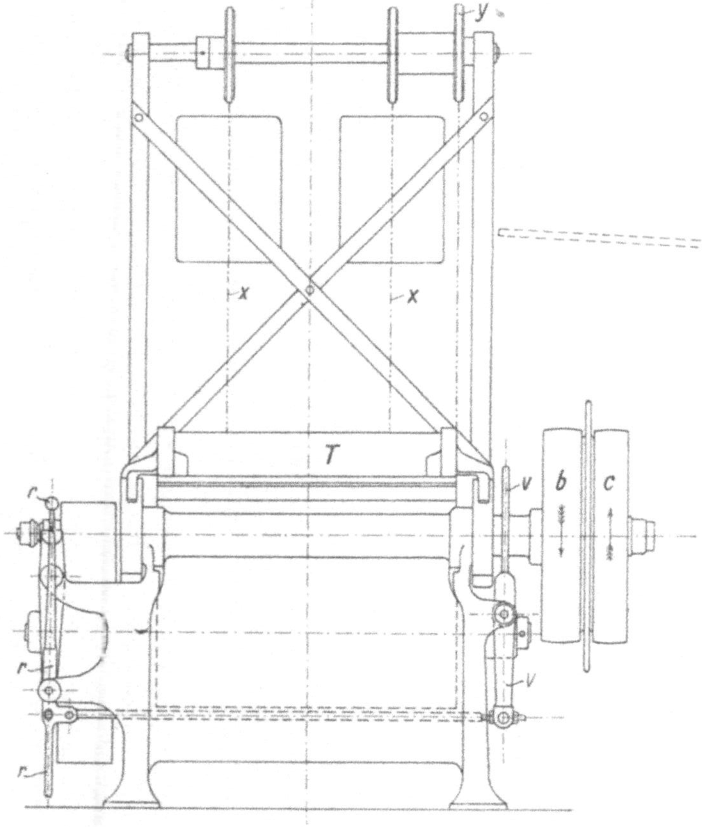

Abb. 48.
Abb. 49.

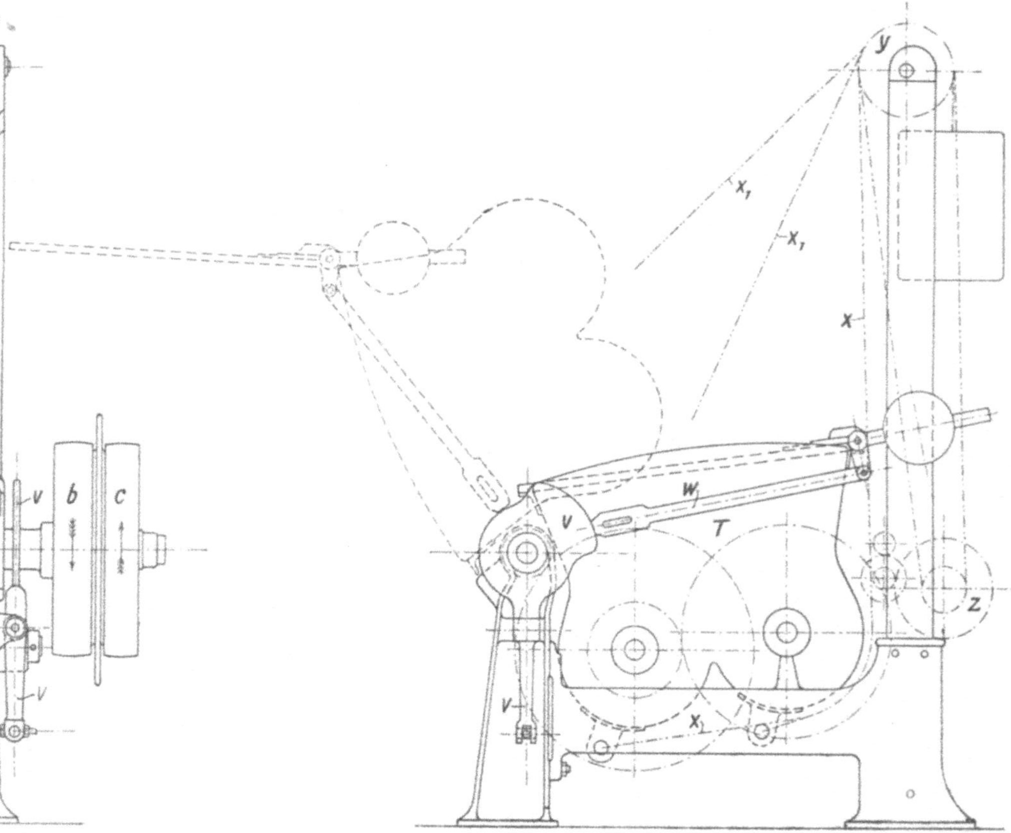

ring i und die feste Kappe k. Zwischen den beiden Riemenrollen b und c befindet sich eine auf der Büchse e sitzende Scheibe m, die mit zwei kurzen, zu Hohlkegeln der Riemenrollen passenden abgestumpften Kegeln versehen ist. Die Büchse e ist auf der mit der Welle f fest verbundenen Büchse d durch Nut und Feder so verkuppelt, daß e sich an d in der Längsrichtung verschieben läßt, aber an den Drehungen von d, also auch der Welle f, teilnehmen muß; e ist ferner durch einen Querstift mit der Welle f verbolzt. Verschiebt man die Welle f nach links, so kuppeln die linksliegenden Kegelflächen die Riemenrolle b mit ihr, schiebt man sie nach rechts, tritt eine Kupplung von f mit c ein,

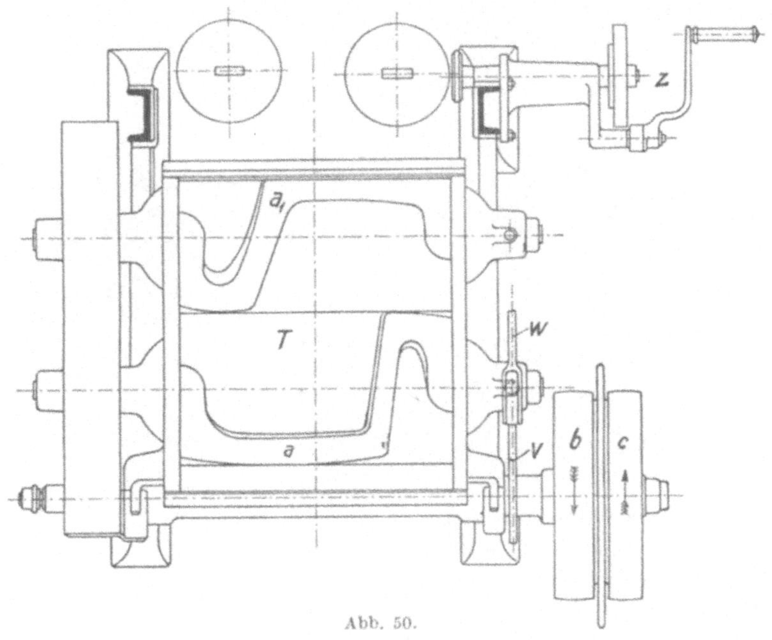

Abb. 50.

und dementsprechend dreht sich die Welle f entweder mit der Rolle b oder mit der Rolle c. Befindet sich die Scheibe m in ihrer mittleren Lage, so dreht sich die Welle f gar nicht. Man verschiebt nun die Welle mit Hilfe des an ihrem zweiten Ende sitzenden „Wirbels" n, Abb. 52 und 53, mittels des doppelarmigen Hebels o, der um den am Maschinengestell festen Bolzen p schwingt. In die untere Gabel dieses Hebels greift der am Handhebel r feste Bolzen q, und Handhebel r ist um den am Maschinengestell festen Bolzen s zu schwenken. Die Kupplung für die eine oder andere Drehrichtung geschieht also durch entsprechendes Bewegen des Handhebels r; um sie nach Abnahme der Hand von dem kugelförmigen oberen Ende des Hebels r zu erhalten, ist an das untere Ende von r eine kräftige Schraubenfeder t geschlossen, die an dem Bolzen p hängt und als sogenannter Umfaller wirkt. Diese Einrichtung verlangt, daß r für seine Mittelstellung — welche die Maschine in Ruhe hält — festgehalten wird. Das bewirkt ein Vorsprung u des Hebels r, welcher mit

seiner Höhlung sich auf eine, am Maschinengestell feste Erhabenheit legt, die
mittels kräftigen Ruckes leicht überwunden wird, sobald die Maschine in Betrieb genommen werden soll. Man erkennt aus Abb. 48, daß der linksbefindliche Handhebel r durch eine einstellbare Stange mit dem rechtsliegenden Hebel v verbunden ist. Der Zweck dieses Hebels wird noch genannt werden.

Der Trog ruht an seiner vorderen Seite auf zwei am Maschinengestell hervorragenden Zapfen (l, Abb. 51) mittels lagerartiger, mit aufklappbaren Deckeln versehenen Lappen, während die hintere Seite an zwei Ketten x hängt, die über Rollen einer im Kopf der Maschine gelagerten Welle gelegt

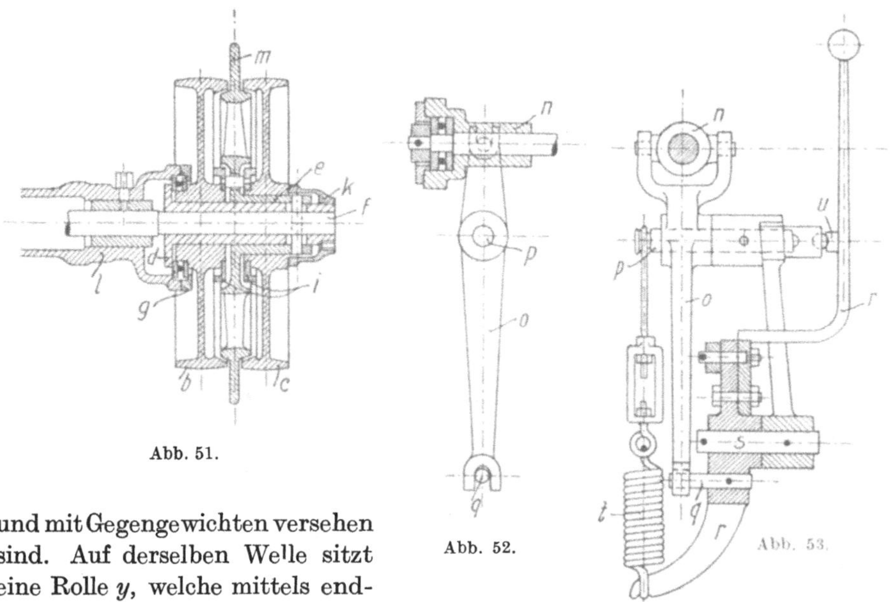

Abb. 51.

Abb. 52.

Abb. 53.

und mit Gegengewichten versehen sind. Auf derselben Welle sitzt eine Rolle y, welche mittels endloser Kette von der Winde z angetrieben werden kann. Die in Abb. 48 und 49 gezeichnete ist die Arbeitslage des Troges. Soll er entleert werden, so wird seine hintere Seite durch die Winde, beziehungsweise die beiden Ketten x emporgekippt, wie die gestrichelten Linien in Abb. 49 angeben. Zu diesem Zweck sind die Ketten x dem Trog unter seinem vorderen und hinteren Teil angeschlossen (vgl. Abb. 49) in welchem x, x_1 die Lage der Ketten bei aufgekipptem Trog bezeichnen.

Nun der Zweck des doppelarmigen Hebels v.

Um die Arbeiter vor Gefahren zu schützen, soll der Deckel d des Troges geschlossen sein, solange die Werkzeuge sich drehen, und um das sicher zu erreichen, ist unmöglich gemacht, in der Arbeitslage des Troges den Betrieb einzurücken, bevor der Deckel geschlossen ist, und ebenso den Deckel zu öffnen, solange die Werkzeuge arbeiten. Der Deckel ist, wie die Abbildung ohne weiteres erkennen läßt, mit Gegengewicht versehen. Er ist durch einen Hebel der Stange w angelenkt, die am Trog durch einen in einen Schlitz der Stange w

greifenden Stift geführt wird. Die Stange w ist an ihrem linksseitigen — in bezug auf Abb. 49 — Ende gegabelt, was Abb. 50 an der rechten Seite erkennen läßt. Das obere Ende des Hebels v, Abb. 49, ist zu einer mit großem Loch versehenen Platte ausgebildet (um das zu zeigen, sind die Riemenrollen in Abb. 49 weggelassen), die am Außenrande als Daumenscheibe gestaltet

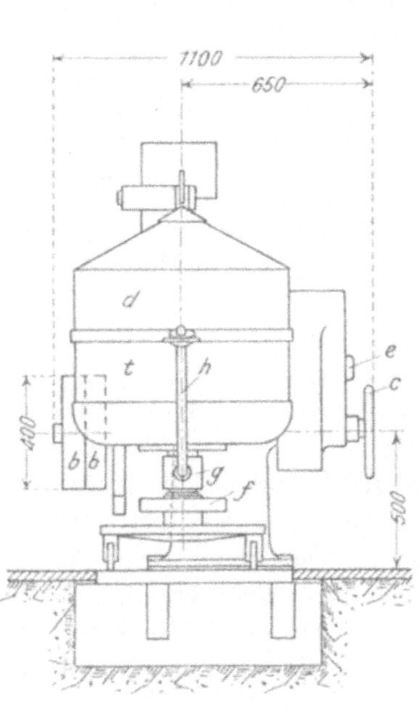

Abb. 54.

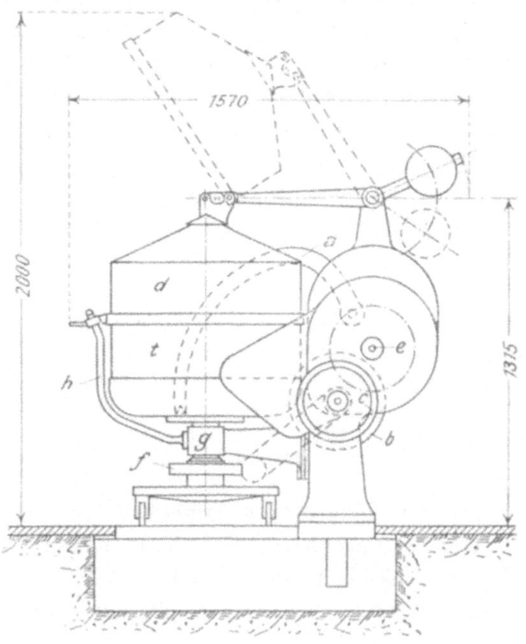

Abb. 55.

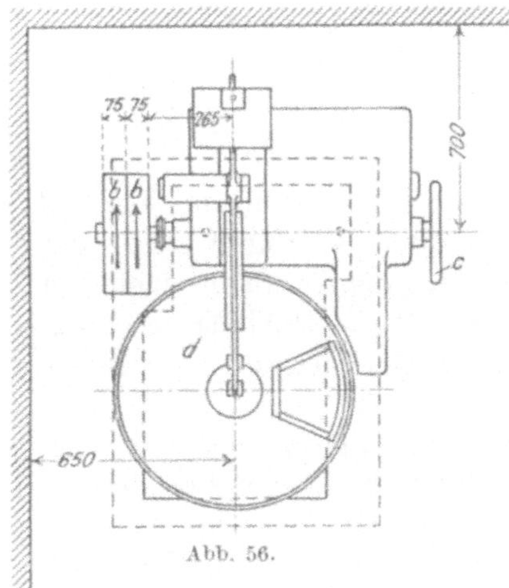

Abb. 56.

ist. Das gabelförmige Ende der Stanze w liegt nun dieser Daumenscheibe so gegenüber, daß in der Mittellage der letzteren — wenn also der Betrieb ruht — die Gabel über die Daumenscheibe zu schlüpfen vermag, also der Deckel nach Belieben geöffnet werden kann. Ist aber der Betrieb eingerückt, befindet sich also der Hebel v mit der Daumenscheibe in einer Endlage, so hindert letztere das Öffnen des Deckels, oder wenn der Deckel offen ist, das Einrücken des Betriebes. Das Entleeren des Troges sollen — wenigstens oft — die Mischwerkzeuge unterstützen, sie befinden sich dann auch in ungefährlicher Lage, weshalb die Gestalt der Daumenscheibe so gewählt ist, daß der Betrieb bei aufgekipptem Trog auch bei offenem Deckel stattfinden kann.

Eine andere Reihe von Teigmischmaschinen möge die von *Werner & Pflei-*
derer gebaute „Viennara" eröffnen. Abb. 54 ist eine Vorderansicht, Abb. 55
eine Seitenansicht und Abb. 56 ein Grundriß dieser Maschine. Sie besitzt
einen kreisrunden Trog *t*, welcher um seine lotrechte Achse langsam sich
dreht. Der Deckel *d* ist nicht drehbar und enthält einen Schlitz für den
Knetarm *a*. Der Knetarm wird eigenartig bewegt. Die Antriebswelle ist
mit den Riemenrollen *b b*, dem Handrädchen *c* und zwei verdeckt liegenden
Stirnrädchen versehen. Letztere drehen zwei verdeckte Stirnräder der eigenartigen Kurbelwelle *e*. Sie besteht aus zwei Wellenstücken, auf denen die

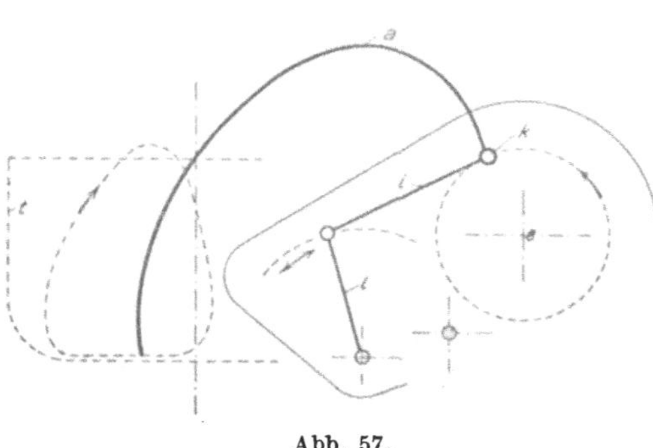

Abb. 57.

soeben genannten, angetriebenen
Stirnräder festsitzen, und einem
beide Räder verbindenden Bolzen,
der als Kurbelwarze dient. Um
die folgende Beschreibung zu erleichtern, sind in der Abb. 57 die
in Frage kommenden Teile in einfachen Linien wiedergegeben.
e bezeichnet die Kurbelwellen-
mitte, *k* den Bolzen, welcher die
beiden Stirnräder als Kurbelwarze
verbindet. Um diese Kurbelwarze

kann der Knetarm *a* zunächst frei schwingen. Die an *a* feste Nabe,
welche *k* umschließt, ist ziemlich lang; mit ihr ist noch ein Arm verbunden, nämlich der mit *i* bezeichnete. Dieser ist dem Lenker *l* beweglich
angeschlossen, der mit seinem unteren Auge auf einem am Maschinengestell festen Bolzen drehbar steckt. Bewegt sich die Kurbelwarze *k* in der
Richtung des eingezeichneten Pfeiles, so beschreibt das äußerste Ende des
Knetarmes *a* die in Abb. 57 gestrichelte krumme Linie, d. h. das Knetarm-
ende bewegt sich längs des Trogbodens in fast gerader Linie nach außen, er-
hebt sich dann rasch bis über den Trogrand und sinkt dann wieder zum Trog-
boden[1]. Der Knetarm schiebt also den in seinem Bereich befindlichen Troginhalt gegen die Trogwand.

Der Trog *t* ist unten mit einem hohlen Zapfen versehen, auf dem das
Wurmrad *f*, Abb. 54 und 55, festsitzt. Über diesem Wurmrad steckt der
Zapfen in einer als Zapfenlager dienenden Büchse; diese wird in einem am
Maschinengestell sitzenden Schloß *g* festgehalten. In die Höhlung des Trog-
zapfens greift ein am darunter befindlichen Wagen sitzender, aufrechter
Zapfen.

Das Wurmrad steht mit einem am Maschinengestell gelagerten und durch
Treibriemen betätigten Wurm im Eingriff, wodurch die Drehung des Troges
hervorgebracht wird. Nach stattgehabtem Mischen hebt man den Deckel *d*,
der bisher den Schloßhebel *h* festgehalten hat, empor und klappt mittels des
Hebels *h* die vordere — in Abb. 55 links belegene — Hälfte des Schlosses *g*

---

[1] Einen ähnlichen Mechanismus benutzt *Dathi* für seine Teigmischmaschine, vgl.
Dinglers Polytechn. Journ. Bd. 258, S. 258, 1885, m. Abb.

zur Seite. Dann kann der Trog mit Hilfe seines Wagens hinweggefahren werden, wenn die Lage des Armes *a* solches gestattet. Das Arbeitsende des Armes *a* hindert das Abfahren, wenn es sich nicht über dem Trogrande befindet. Es ist deshalb zuweilen nötig, die Kurbelwelle mittels der Hand ein wenig weiter oder zurück zu drehen, welchem Zweck das auf der Antriebswelle festsitzende Handrad *c* dient. Das Einfahren des entleerten oder eines anderen Troges verläuft ebenfalls rasch und bequem. Als Schutzmittel für den Arbeiter ist die Verriegelung des Deckels *d* durch den Schloßhebel *h* hervorzuheben. Wie schon angeführt, kann der Deckel nur nach dem Öffnen des Schlosses geöffnet werden. Dann hört auch das Drehen des Troges auf; es tritt erst wieder ein nach dem Schließen des Schlosses.

Der Viennaria reiht sich die Knetmaschine Herkules an, welche von den *Herkules-Werken* neuerdings auf den Markt gebracht worden ist. Sie ist auch mit drehbarem uud ausfahrbarem Trog versehen, aber mit zwei Knetarmen, welche teils gegen die Trogwand, teils gegeneinander arbeiten.

Abb. 58 zeigt die Anordnung der Knetarme *a* in einfachen Linien, Abb. 59 ist eine Gesamtansicht der Maschine. In den beiden Schilden, welche mit der Grundplatte das Gestell der Maschine bilden, sind je zwei ineinander-

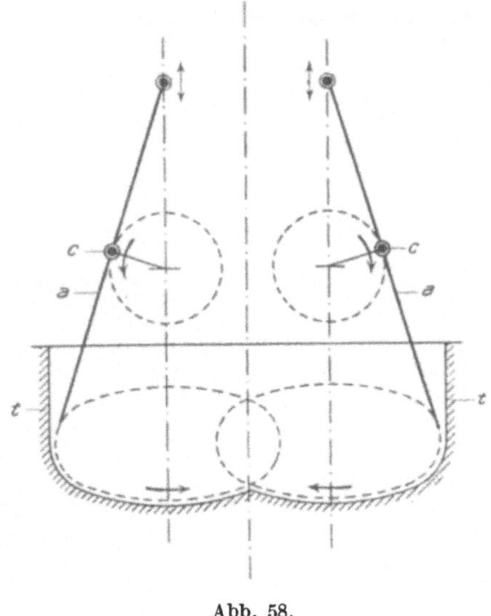

Abb. 58.

greifende Stirnräder auf Bolzen drehbar gelagert. Sie werden durch zwei kleinere, auf gemeinsamer Welle sitzende Räder angetrieben. Bolzen *c* verbinden — wie bei der Viennaria — je die zwei in derselben Achse aber einander gegenüberliegenden Stirnräder und dienen als Kurbelzapfen für die Knetarme *a*. Die oberen Enden der Knetarme werden entweder in lotrechten Bahnen — wie in Abb. 58 — oder — wie in Abb. 59 — durch Lenker *d* lotrecht geführt, infolgedessen die Bahnen der unteren Enden der Knetwerkzeuge eigenartige krumme Linien sind, wie das Abb. 58 anschaulich macht. Der um seine Achse langsam kreisende Trog *t* ist rund und im lotrechten Schnitt so gestaltet, daß die unteren Enden der Knetarme sich nahe über dem Boden hinweg bewegen. Die unteren Knetarmenden würden zusammenstoßen, wenn sie nicht gegabelt und so gegeneinander versetzt wären, daß sie sich einander zu übergreifen vermögen. Das Gemisch wird demnach in der Mitte des Troges ähnlich behandelt wie zwischen den Fingern des Bäckers. An der Wand und dem Boden des Troges streichen die Gabelenden etwa anhaftendes Gemisch ab, um es zur Allgemeinheit zurückzuführen, und die Gabeln selbst drängen das Gemisch von außen nach innen, so daß es ihnen ausweichen muß und dabei lebhafte gegensätzliche Verschiebungen erfährt.

Infolge der Trogdrehungen werden die Einwirkungen der Knetwerkzeuge auf den gesamten Troginhalt gleichförmig verteilt. Ein fester (hier nicht gezeichneter) Abstreicher sorgt dafür, daß auch an dem oberen Teil der Trogwand sich etwa festsetzende Gemengteile in das Wirkungsbereich der Kneter zurückgeführt werden.

Die Mischung vollzieht sich in wenigen Minuten. Um den Trog bequem entleeren zu können, wird er aus der Maschine entfernt. Zu dem Zwecke ist der Trog mit einem dreirädrigen Wagen versehen, welcher während des Arbeitens mit dem Maschinengestell verbunden ist. Die Verklammerung ist bequem und rasch zu lösen. Damit die Knetarme dem Abfahren des Troges

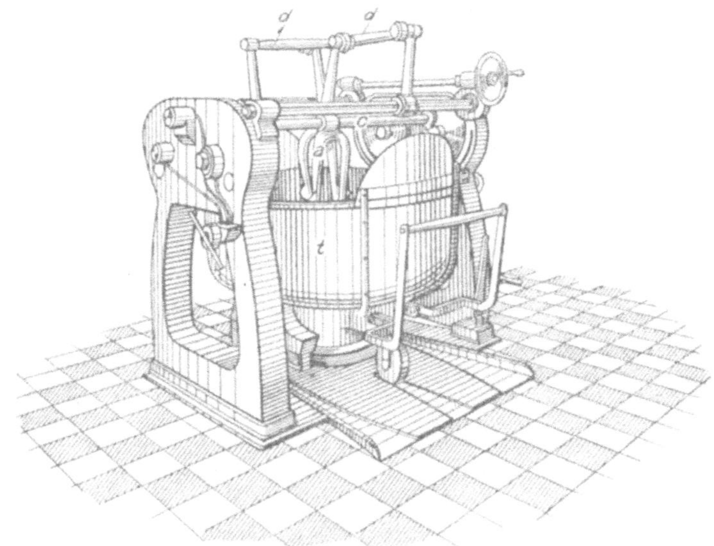

Abb. 59.

nicht hinderlich sind, schwingen die Lenker d, Abb. 59, um Bolzen an kurzen Hebeln, die auf Wellen befestigt sind. Diese beiden Wellen können nur gemeinsam gedreht werden, und zwar so, daß die Knetarme in fast wagerechte Lage kommen. Nach Entleerung des Troges wird er wieder eingefahren und verklammert, wobei das an ihm feste Wurmrad ohne weiteres mit dem in festen Lagern sich drehenden Wurm in Eingriff tritt, ferner werden die Arme, welche die Lenker d führen, in ihre Arbeitslage zurückgeschwenkt.

Der Herkules-Kneter ist zweifellos viel leistungsfähiger als die Viennaria, leidet aber unter dem Übelstande, daß der Schmierung bedürftige Teile sich über dem Troge befinden.

Es wird der Herkules-Kneter für 150 bis 715 l Troginhalt gebaut. Bei den kleineren Maschinen machen die Knetarme 35, bei den größten 21 Spiele in der Minute. Die erforderliche Betriebsarbeit wird (für Brotteig) zu 3 bis 6,5 PS-St. angegeben, wobei die kleine Zahl für die kleinste Maschine, die große Zahl für die größte Maschine gilt.

Kreisende Trommeln sind für breiartige Gemische wenig gebräuchlich, wohl weil das Entleeren und Reinigen solcher Trommeln einige Mühe verursacht.

Ich entsinne mich, eine Trommelmischmaschine für Mörtel gesehen zu haben, bei welcher die drehbare Trommel in einem Rahmen gelagert war, den man um eine liegende Querachse kippen konnte. Nach vollzogenem Mischen schwenkte man den Rahmen und mit ihm die Trommel mit ihrem offenen Ende nach unten, so daß der Mörtel herausfiel. Das genügt wohl für Mörtel. Verlangt man aber besseres Reinigen des Mischgefäßes, so ist mit der Anordnung nicht viel erreicht.

Lambert schlug 1810 die vierkantige, später die kreisförmige Trommel, welche um ihre wagerechte Achse sich drehte, vor[1].

Um die glatte Trommel wirksamer zu machen, legte man schwere Kugeln zu den zu mischenden Stoffen[2].

Bemerkenswert ist eine solche Trommel von *L. Herbert*[3], bei welcher die Trommel um eine festliegende hohle Achse sich dreht. Die Höhlung hat den Zweck, Gase in den Mischraum zu führen, indem von ihr aus kleine Öffnungen in diese münden. *Lahore* führte — nach gleicher Quelle — die festliegende Welle gekröpft aus und legte die mit Gasausströmungsöffnungen versehene Kröpfung nach oben, so daß ein Verschmieren der Öffnungen weniger zu befürchten ist. Legt man die Kröpfung nahe genug an die Innenwand der Trommel, so streift sie das etwa anhaftende Mischgut ab. Abb. 59a ist ein Längenschnitt der Maschine, soweit dessen Wesen in Frage kommt.

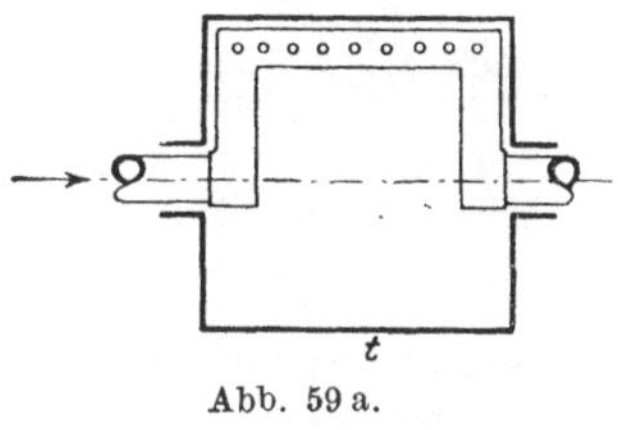

Abb. 59 a.

Frank[4] bildet die festliegende Welle, soweit sie in der kreisenden Trommel sich befindet, als Rahmen aus, welcher demnach geradezu als Knetwerkzeug anzusehen ist, und *Clayton*[5] dreht ein ähnliches Werkzeug in entgegengesetztem Sinne der Trommel.

Um das Mischgut in der Trommel sicher durcheinanderwerfen zu lassen, bringen *Fontaine*[6] und *A. Nöhring*[7] an der Innenseite der Trommelwand Hervorragungen an. Die *Fontaine*sche Maschine ist für Brotteig bestimmt, die *Nöhring*sche dient zum Dämpfen der Kartoffeln und Mischen der letzteren mit Malz.

Brauchbarer und deshalb auch häufig angewendet ist die Mischtrommel für trockene Sammelkörper; sie wird bei Erörterung der Mischmaschinen solcher Sammelkörper ausführlicher behandelt werden.

---

[1] *Hülsse:* Allg. Masch.-Encykl. Bd. 1, S. 680; Dinglers Polytechn. Journ. Bd. 9, S. 494; *Prechtl:* Technolog. Encykl. Bd. 3, S. 149.

[2] *Hülsse:* Allg. Masch.-Encykl. Bd. 1, S. 682.

[3] *Hülsse:* Allg. Masch.-Encykl. Bd. 1, S. 683, m. Abb.

[4] Verhandl. d. Ver. z. Bef. d. Gewerbfl. in Preußen 1831, S. 182, m. Abb.

[5] *Hülsse:* Allg. Masch.-Encykl. Bd. 1, S. 688, m. Abb.

[6] *Hülsse:* Allg. Masch.-Encykl. Bd. 1, S. 680, m. Abb.

[7] D. R. P. Nr. 13 115 vom 19. Sept. 1880.

3. Steifere Gemische.

Man nennt die zum Bearbeiten steiferer Gemische dienenden Maschinen im besonderen **Knetmaschinen.** Manche der bisher beschriebenen Maschinen können ohne Änderung ihres Wesens kräftig genug gebaut werden, um die großen Widerstände solch steifer Gemische zu überwinden. Es eignet sich hierzu namentlich die Maschine von *Werner & Pfleiderer* (S. 26).

Auch das Ausfließenlassen durch Öffnungen (vgl. S. 3) kann und wird zum Bearbeiten steifer Gemische verwendet, z. B. in Bleistiftfabriken. Hier soll der Graphit mit dem Ton sehr sorgfältig gemischt werden, um einen bestimmten Härtegrad und gleichen Härtegrad in demselben Stift zu erreichen. Zu dem Zweck wird das vorläufig erzeugte Gemisch in einen Zylinder gebracht, dessen Boden — wie bei der Nudelpresse — zahlreiche Öffnungen enthält, und das Gemisch mittels eines mit großer Kraft bewegten Kolbens durch die Öffnungen getrieben. Die hervortretenden Stränge stoßen gegen einen in einigem Abstande unter den Öffnungen befindlichen, langsam kreisenden Tisch und werden dadurch, sich vielfach kreuzend, in ein Haufwerk zusammengelegt, welches wiederholt in den Zylinder gebracht wird usw.

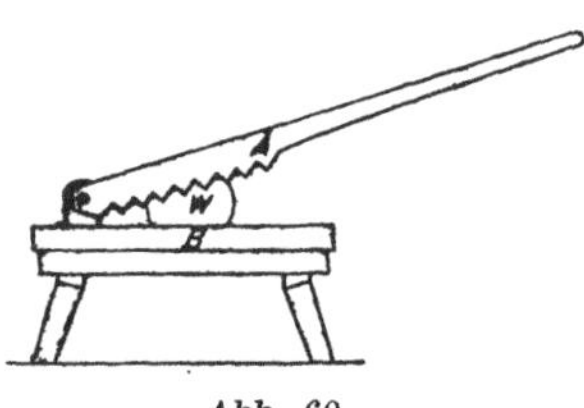

Abb. 60.

Die sehr steifen Teige verlangen allgemein der drückenden oder wirkenden Fläche (*A* Abb. 6, S. 5) gegenüber eine unnachgiebige Stützfläche *B*. Es genügt für ihre Bearbeitung nicht die Stützung durch Reibung an den Gefäßwänden oder an entgegenkommenden Knetwerkzeugen. Sie bedürfen dagegen meistens keiner eigentlichen Gefäße, um zusammengehalten zu werden.

Als Beispiel hierhergehöriger Maschinen sei zunächst die Breche angeführt, obgleich sie kaum noch Verwendung findet. Der festen Stützfläche *B* (Abb. 60) ist der Hebel *A* angelenkt, der durch die Hand des Arbeiters oder durch Kurbel oder dgl. mit größerer Kraft betätigt wird. Das zu bearbeitende, zu knetende Werkstück *W* liegt auf *B* und erfährt durch die Hand, nach Umständen unter Benutzung von Werkzeugen, die geeigneten Lagenänderungen. Die arbeitende Fläche des Werkzeuges *A* ist — je nach Art des zu knetenden Werkstückes — eben, gerieft, oder keilartig mit abgerundeter Kante.

In Tonwarenfabriken, welche besonderen Wert auf Reinheit der Farben ihrer Erzeugnisse legen, findet man zuweilen pochwerkartige Einrichtungen für das Mischen in Verwendung[1]. Es arbeiten mehrere Stempel nebeneinander in einer Grube, sie fallen in bestimmter Regelmäßigkeit nacheinander, so daß der eine Stempel den Ton den Nachbarn zuführt, die ihn weiter verdrängen. Die Stempel sind zugunsten ihrer Dauerhaftigkeit mit eisernen Schuhen versehen, und die Sohle der Pochgrube bildet eine auswechselbare

---

[1] *Carl Naske:* Zerkleinerungsvorrichtungen und Mahlanlagen, 3. Aufl., Leipzig 1921, S. 89 u. ff. — *Derselbe:* Neuerungen der Hartzerkleinerung, Zeitschrift des Vereines deutscher Ingenieure, Berlin 1920, S. 469 u. ff.

eiserne Platte. Solche Mischmaschinen vermögen eine hochgradige Gleichförmigkeit des Gemisches hervorzubringen, arbeiten aber langsam, d. h. liefern wenig fertige Ware.

Ziegeleien verwenden für das Tonkneten nicht selten das sogenannte Fahrrad. In der Mitte einer ringförmigen Vertiefung ist ein fester Zapfen a, Abb. 61, angebracht, um welchen ein Arm b in wagerechter Ebene gedreht wird, durch Pferde, die am freien Ende von b, bei c, angespannt sind. An b wird das eigentliche Fahrrad d entlanggeführt, so daß es in der Vertiefung spiralförmige Wege durchläuft.

Der in die ringförmige Vertiefung oder Grube eingetragene Ton nebst Wasser und nach Umständen Sand wird demnach von d durchknetet, wie die Wagenräder auf schlechten, nassen Wegen es tun. Das Rad d muß seinen spiralförmigen Weg wiederholt zurücklegen, um befriedigende Ware zu liefern. Das kann z. B. dadurch erreicht werden, daß man b als Schraube ausbildet und d mit zugehöriger Mutter versieht und, nachdem d seinen Weg einmal durchschritten hat, die Pferde in entgegengesetzter Richtung ziehen läßt. Die langen an d festsitzenden Hülsen e sollen die Schraube b

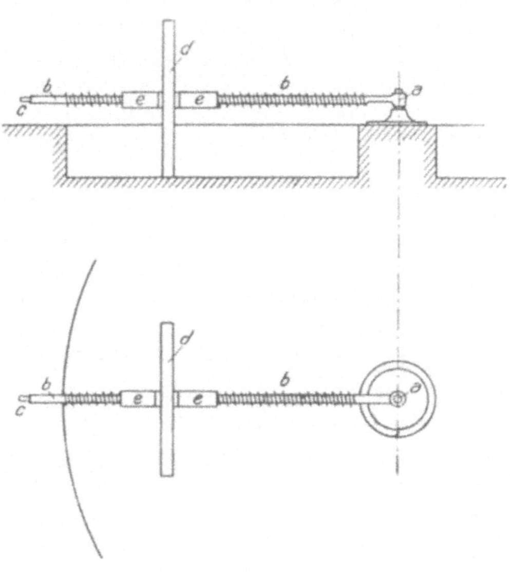

Abb. 61.

vor zu arger Beschmutzung schützen[1]. Diese Maschine beansprucht sehr viel Raum und findet sich deshalb in neuzeitlich eingerichteten Ziegeleien nur noch selten.

Nach *Leuchs*, Brotbackkunde, Nürnberg 1832, S. 298, wurde 1789 in Venedig eine Knetmaschine von *Ziborghi* verwendet, welche Abb. 62 im Schnitt darstellt. Über einem festen Tisch B ist ein vierkantiger Körper A um seine Längsachse drehbar gelagert. Man legt den Teig auf den Tisch in das Bereich des Werkzeuges A, welches in den Teig eindringt und Teile desselben verdrängt, ähnlich wie die vorhin angeführte Breche, aber kräftiger als diese. Durch Änderung der Lage des Teiges läßt sich zweifellos mit dieser Maschine

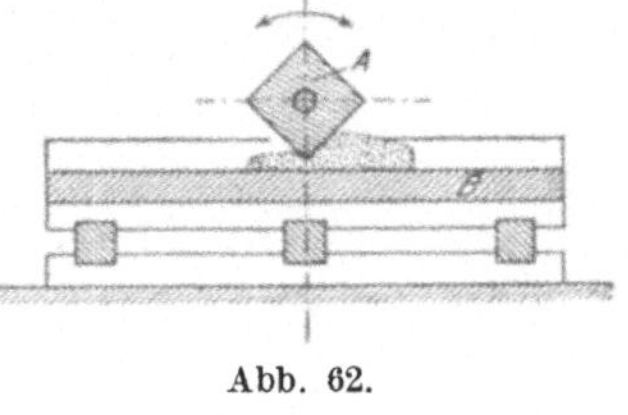

Abb. 62.

reichliches Durchwirken des Teiges erreichen. Aber es ist hierzu geschickte Handhabung des Teiges erforderlich. Das ist nicht der Fall bei der Maschine

---

[1] Vgl. Dinglers Polytechn. Journ. **44**, 172, 1832, m. Abb.

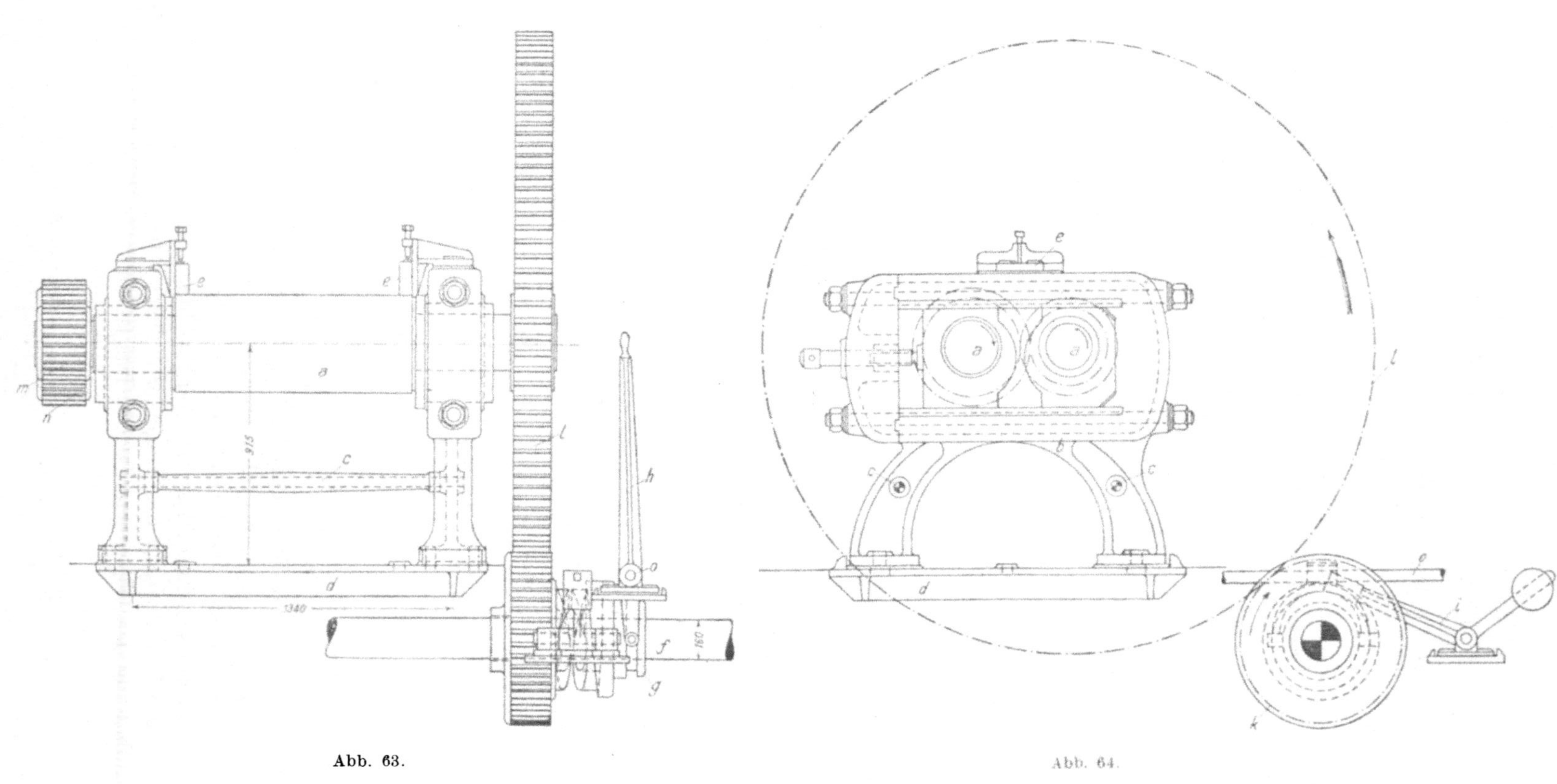

Abb. 63.

Abb. 64.

von *Pole*[1] oder *Gebr. Guy*[2], bei welchen das Werkzeug zylindrisch und die den Tisch darstellende Fläche hohl ist. Man ist dann zu zwei nebeneinanderliegenden Walzen mit verschiedener Umfangsgeschwindigkeit übergegangen, bei denen also die eine der Walzenoberflächen als Stützfläche aufzufassen ist.

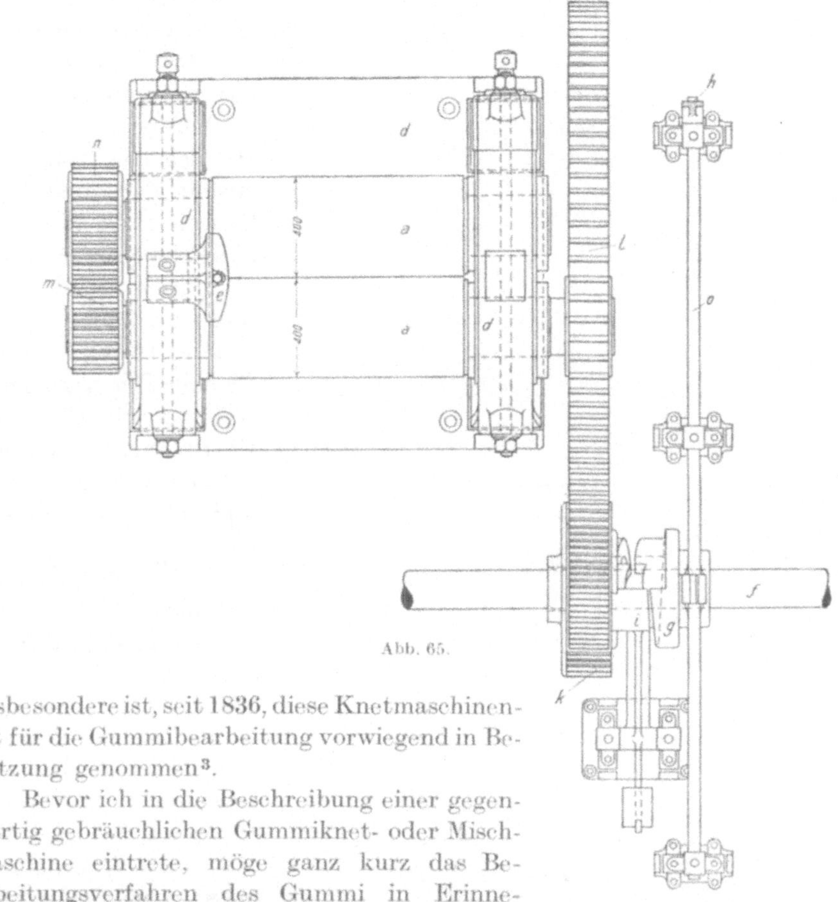

Abb. 65.

Insbesondere ist, seit 1836, diese Knetmaschinenart für die Gummibearbeitung vorwiegend in Benutzung genommen[3].

Bevor ich in die Beschreibung einer gegenwärtig gebräuchlichen Gummiknet- oder Mischmaschine eintrete, möge ganz kurz das Bearbeitungsverfahren des Gummi in Erinnerung gebracht werden. Das rohe Gummi ist von Verunreinigungen durchsetzt und elastisch. Man reinigt es, indem man es unter reichlichem Wasserzufluß zwischen gerieften, sich verschieden rasch drehenden Walzen knetet und zerreißt. Die freigelegten Schmutzteile werden von dem Wasser hinweggespült. Gleichzeitig verliert das Gummi durch diese gewaltsame Bearbeitung seine Elastizität. Nunmehr werden dem Gummi Schwefel, Farbstoffe und Füllstoffe beigemischt. Diesem Mischen

---

[1] Engl. Pat. Nr. 5804 vom 19. Juni 1829; Civilingenieur 1889, S. 559, m. Abb.

[2] *Hülsse:* Allg. Masch.-Encykl. Bd. 1, S. 691, m. Abb.

[3] Die bemerkenswerte Abhandlung von *Hugo Fischer* im Civilingenieur 1889, S. 537 enthält zahlreiche geschichtliche Vermerke über die Entwicklung dieser Maschine.

dienen Walzenpaare, welche unter Umständen geheizt oder auch gekühlt werden.

Die Abb. 63, 64, 65 stellen ein solches Walzwerk dar, wie es die Maschinenbauanstalt von *H. Berstorff* in Hannover baute. Abb. 63 und 64 ist eine Vorder- bzw. Endansicht, Abb. 65 ein Grundriß in etwa $^1/_{30}$ der wahren Größe. Die beiden 1000 mm langen, 400 mm dicken Walzen a sind in einem Gestell gelagert, welches aus den beiden auf der Platte d befestigten Schilden b besteht. Die beiden Stehbolzen c unterstützen die Absteifung der Schilde b. Die liegende Welle f vermittelt den Antrieb der Maschine; sie dreht sich beispielsweise 75 mal in der Minute. Rad k hat 39, Rad l 162 Zähne bei 16 π Teilung, so daß Rad l und die mit ihm verbundene Walze a minutlich etwa 18 Drehungen machen. Mit dem zweiten Walzenzapfen ist das Rad m (16 Zähne $\dfrac{t}{\pi} = 20$) fest verbunden, welches das an der anderen Walze a festsitzende Rad n (24 Zähne) treibt. Die zweite Walze macht demnach minutlich etwa 12 Drehungen. Es sei hier eingeschaltet, daß bei 400 bis 450 mm Walzendurchmesser, 800 bis 1200 mm

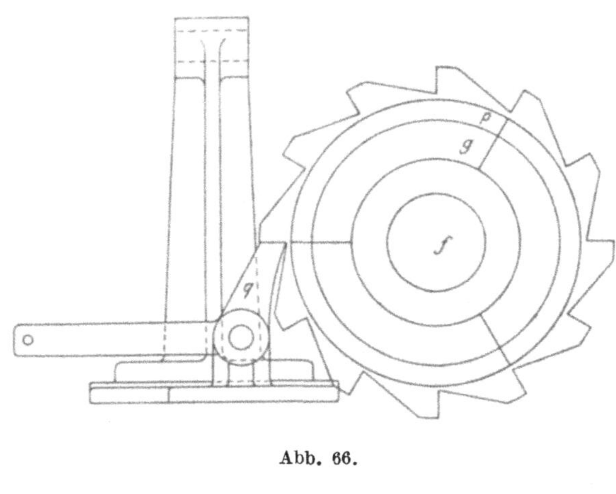

Abb. 66.

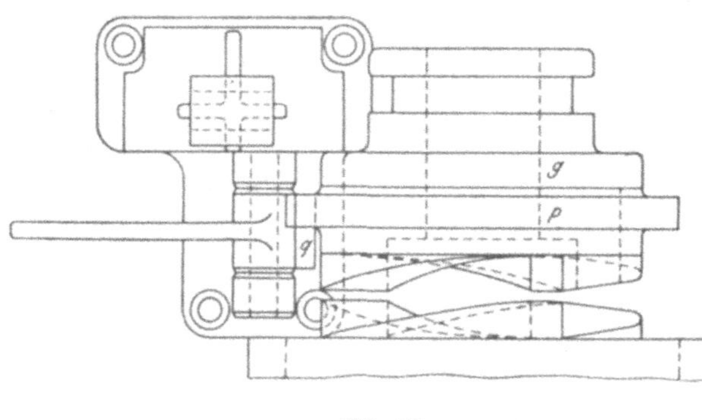

Abb. 67.

Walzenlänge die verlangten minutlichen Drehungszahlen zwischen 25 und 16,5 der rascheren und 12 und 9 der langsameren Walze schwanken und das Verhältnis der Geschwindigkeiten der beiden Walzen zu 1:2 bis 1:1 gewählt wird.

Angesichts der geringen Walzengeschwindigkeit begnügt man sich mit der Sicherung der Arbeiter durch Verhüllen der Räder — was aus den Abbildungen nicht zu ersehen ist — durch die hohe Lage der Walzen und dadurch, daß man dem Arbeiter ermöglicht, von seinem Platz aus die Maschine rasch zum Stillstand zu bringen.

Zu letzterem Zweck ist das Rad k mit der Welle f durch eine ausrückbare Kupplung verbunden. Im Bereich der Hand des Arbeiters befindet sich über den Walzen eine — in der Zeichnung weggelassene — Stange, durch deren Betätigung man den Hebel i, Abb. 64 und 65, fallen lassen kann. Der Kopf dieses Hebels legt sich dann gegen eine Schraubenfläche des verschiebbaren Kuppelteiles g und zieht g aus den Kuppelzähnen des Rades k, so daß dieses mit der Welle f sich nicht mehr dreht. Wenn die zum Ausrücken dienende Schraubenfläche sich über den halben Umfang des Kuppelstückes g erstreckt — also zwei aufeinanderfolgende Schraubenflächen vorgesehen sind —, so vollzieht sich die Entkupplung mindestens während einer Drehung der Welle f, die raschere Walze macht also höchstens noch $^1/_3$ Drehung nach dem Niederfallen des Hebels i und die langsamere höchstens $^1/_9$ Drehung.

$H.$ $Berstorff$ verwendet aber auch noch rascher wirkende Entkupplungseinrichtungen. Nach Abb. 66 und 67 sitzt auf dem verschiebbaren Kuppelteil g, frei drehbar, das Sperrad p, welches mit drei den Kuppelzähnen ähn-

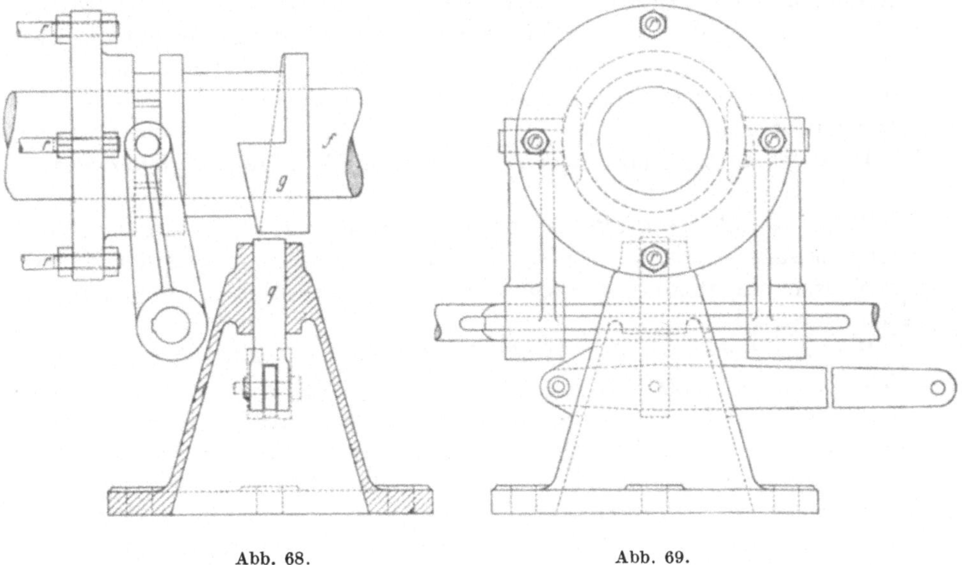

Abb. 68.   Abb. 69.

lichen Schraubenflächen versehen ist. Legt man die Klinke oder Zunge q ein, so kann sich p nicht ferner mit dem Kuppelstück g drehen, seine Schraubenflächen legen sich gegen die Kuppelzähne von k, welche einen größeren Durchmesser haben als die an g sitzenden, und drängen den verschiebbaren Kuppelteil g zurück. Bei Verwendung dieser Ausrückvorrichtung macht k im ungünstigsten Falle nach dem Einlegen der Zunge nur noch $^1/_3 + ^1/_{12}$ Drehung.

Endlich zeigt Abb. 68 und 69 eine Ausrückvorrichtung, welche für eine nach Italien gelieferte Maschine ausgeführt worden ist. Es ist für diese eine Reibkupplung nach $Benn$ verwendet, um den beim Einrücken einer Klauenkupplung unvermeidlichen harten Stoß zu umgehen. Die Bolzen r vermitteln die Verschiebung des Stückes g auf die Reibkupplung. Auf der Nabe von g ragt eine ganz herumlaufende Schraubenfläche hervor, gegen welche sich der Stift q, wenn er mittels seines Hebels gehoben wird, legt und g zurückzieht. Da bei dieser Maschine ein zweites Vorgelege vorhanden ist, und demnach die Welle f sich etwa 200 mal in der Minute dreht, so kommen die Walzen nach dem Anheben des Stiftes fast sofort zum Stillstand.

Ich wende mich nunmehr der durch Abb. 63, 64 und 65 dargestellten Maschine wieder zu. Es findet das Einrücken und das gewöhnliche Ausrücken des Betriebes durch den Handhebel h, Abb. 63 und 65, statt. Dieser sitzt auf der liegenden Welle o fest, welche andererseits mit einer Gabel ausgerüstet ist, die in eine ringsum laufende Nut des verschiebbaren Kuppelteiles g greift.

Die Beschickung der Maschine findet mittels der Hand statt. Um seitliches Ausweichen des Mischgutes zu verhüten, schließen zwei keilförmige, genau einstellbare Platten e den über den Walzenmitten belegenen Raum seitlich ab, so daß dieser Raum zu einem breiten Trichter wird. Das nach unten fallende Arbeitsgut wird zu wiederholter Behandlung so häufig wieder in den Trichter gebracht, bis der verlangte Gleichförmigkeitsgrad erreicht ist. Die Walzen werden nicht selten hohl gemacht und Dampfzuleitungen und Wasserableitungen angeschlossen, um die Walzen und durch diese das Arbeitsgut zu erwärmen.

Derartige Walzenpaare dienen auch zum Mischen anderer steifer Stoffe, z. B. des Tones.

Sollen sie klebrige Stoffe bearbeiten, so werden sie mit Abstreifern versehen, das sind Messer, die sich so gegen die Walzenfläche legen, daß sie das den Walzen anhaftende Arbeitsgut abschälen und zu dem übrigen fallen lassen.

Von Wichtigkeit ist der Schutz der Arbeiter gegenüber den Gefahren, welche ihnen die Walzen bieten. Sie bestehen darin, daß die Walzenpaare geneigt sind, alle an die Eintrittsstelle gelangten Gegenstände einzuziehen, und wenn sie etwas erfaßt haben, es mit großer Gewalt zwischen sich hindurchzuführen. Da unmöglich ist, die Eintrittsstelle völlig abzusperren, so muß man bestrebt sein, wenigstens menschliche Glieder von ihr fernzuhalten, insbesondere diejenigen geringer Dicke; das sind Finger und Hände.

Das Vermögen der Walzen, vorgelegte Gegenstände einzuziehen, nimmt ab mit der Walzendicke und mit der Dicke der vorgelegten Gegenstände[1], es ist also nur den dünneren Körperteilen gefährlich, wenn nicht etwa durch Kleider oder dgl. das Einziehen auch dickerer Teile vermittelt wird.

Man sucht daher insbesondere Finger und Hände von der Eintrittsstelle fernzuhalten. Das hat *Berstorff* (S. 38) durch hohe Lage der Walzen angestrebt (die Mitte der 400 mm dicken Walzen liegt 915 mm über dem Fußboden), und — da nicht verhindert werden kann, daß Arbeiter aufklettern — durch Anordnung rasch wirkender Ausrücker Gelegenheit geboten, größeres Unglück zu vermeiden. Andere[2] haben Umbauten, Vorbauten angebracht, welche hindern, daß die Finger den Walzen zu nahe kommen. Solche Umbauten sind zuweilen der Bedienung unbequem, z. B. wenn — wie bei Ton-

---

[1] *Herm. Fischer:* Allg. Grunds. u. Mittel des mech. Aufbereitens, Leipzig 1880, S. 343.

[2] Vgl. *Georg Schlesinger:* Unfallverhütungstechnik. Berlin 1910, S. 493, m. Abb.

walzen — sie bedingen, daß das vorzulegende Arbeitsgut über den Rand der Schutzeinrichtung hinweggehoben werden muß. Man findet deshalb auch die weniger sicheren und Störungen verursachenden Schutzgitter, durch die das Arbeitsgut einzuführen ist.

Zum „Nachstopfen" — wenn die Walzen nicht genügend „greifen" — benutzt man zweckmäßig langstielige, keilförmige Stopfer entsprechender Dicke, und behufs Entfernens etwaiger Fremdkörper bringt man in den Seitenwänden des Walzengestelles Öffnungen an, die so eingerichtet sind, daß durch sie die Hand nicht zur gefährlichen Stelle kommen kann, vielmehr ein geeignetes Werkzeug benutzt werden muß.

Statt zweier glatter Walzen legt man nicht selten „Walzen" zahnradartigen Querschnitts einander gegenüber[1]. Es wird damit zweierlei erreicht: sichereres Einziehen des Mischgutes und vollkommeneres Durchkneten desselben (vgl. S. 5).

Um das wiederholte Vorlegen des Mischgutes zu ersparen oder

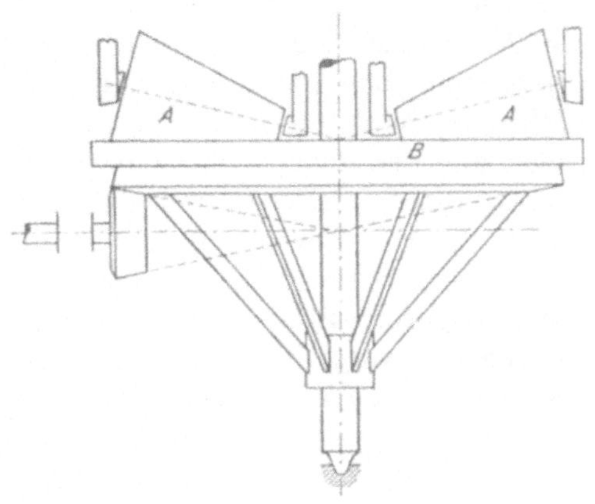

Abb. 70.

doch zu mindern, sind endlich kegelförmige Wälzkörper in Anwendung gekommen.

Abb. 70 zeigt die Anordnung von *Bruce*[2]. *B* bezeichnet einen um seine lotrechte Achse drehbaren Tisch, auf dem in festen Lagern drehbare Kegelkörper *A* ruhen. Der Tisch wird durch ein Kegelradvorgelege gedreht, die Wälzkörper *A* folgen. Der Tisch ist glatt; Streichschienen sorgen dafür, daß das Arbeitsgut an den geeigneten Platz kommt oder vom Tisch nach außen abgestrichen wird. Einer der Wälzkörper *A* ist glattwandig, der andere stark gerieft.

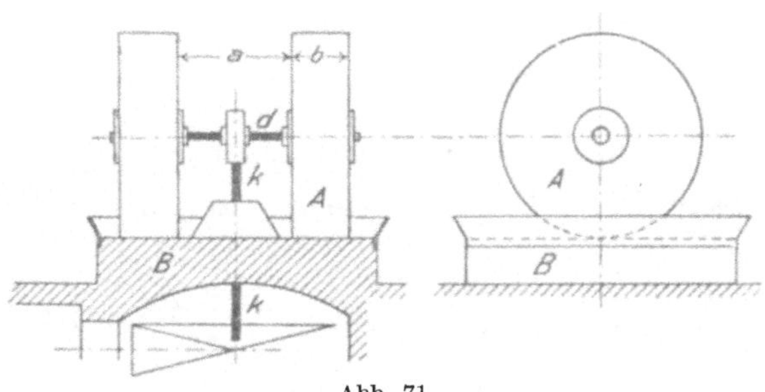

Abb. 71.

Diese Maschine wird noch heute häufig, und zwar zur Bearbeitung kleinerer Mengen steifen Teiges und insbesondere für Butterknetmaschinen verwendet. Das Mischgut bleibt so lange auf dem Teller *B*, bis es die verlangte Gleichartigkeit erreicht hat. Es läßt sich gut beobachten und die Maschine erleichtert das — nicht selten erforderliche — allmähliche Hinzufügen weiterer Gemengteile.

---

[1] *Overton:* engl. Patent Nr. 8018 vom 3. April 1839.
[2] Engl. Patent Nr. 6661 vom Jahre 1834.

Diese Annehmlichkeiten bietet auch der sogenannte „Kollergang", der außerdem gleichzeitig zerkleinert und durch Zerreiben mischt. Abb. 71 zeigt eine der vielen vorkommenden Bauarten dieser Maschine. B bezeichnet einen festliegenden Teller, A zwei „Roller", d. s. Walzen, deren Länge oder Breite b geringer ist als ihr Durchmesser. Die Roller A sind um ihre gemeinsame Welle d frei drehbar, diese ist mit der sogenannten Königswelle k so verbunden, daß sie sich mit letzterer drehen muß, aber sich in einigem Grade zu heben vermag. Die Königswelle k wird angetrieben und veranlaßt die Roller A, auf dem Teller B herumzulaufen und über das auf B gebrachte Arbeitsgut hinwegzusteigen. Mit der Königswelle k sich drehende Streicher schieben das durch die Roller auseinander gequetschte Arbeitsgut wieder in die Bahn der Roller. Nachdem der verlangte Bearbeitungsgrad erreicht ist, werden diese Streicher, welche man „Einstreicher" zu nennen pflegt, von dem Teller B abgehoben und ein anderer Streicher, der „Ausstreicher", niedergesenkt, der das Arbeitsgut durch eine im Teller B freigelegte Öffnung hinausbefördert, wenn nicht aus irgendwelchen Gründen eine andere Entleerungsart vorgezogen wird. Der Teller ist im übrigen durch niedrige, zuweilen auch ziemlich hohe Wände begrenzt.

Ebensooft wie der in Abb. 70 angedeutete Antrieb von unten, kommt es vor, daß die Welle k nach oben länger gemacht wird, um das Antriebsrad über die Roller zu legen.

Zuweilen macht man den Teller — wie in Abb. 70 angegeben — um seine lotrechte Achse drehbar, während die Roller an ihrem Orte festgehalten werden. Auch die Nachgiebigkeit der Roller nach oben wird in verschiedener Weise gewonnen.

Gemeinsam ist allen Kollergängen, daß die Roller nur mittels ihres Gewichts auf das Arbeitsgut drücken, gemeinsam ist auch die Wirkungsweise der Roller.

Diese besteht nicht lediglich in der Ausübung eines Druckes, sondern auch im Verschieben der Rollerflächen gegenüber der Tellerfläche.

Die gegensätzliche Tellergeschwindigkeit am äußeren Rande der Rollerbahn ist größer als diejenige am innern Rande; sie verhalten sich wie

$$\left(\frac{a}{2} + b\right) : \frac{a}{2}.$$

Die Umfangsgeschwindigkeit der Roller ist dagegen überall gleich. Nimmt man an, daß die Roller in ihrer Mittelebene wirklich rollen, so eilt der von dieser Mittelebene ab nach innen liegende Teil der Umfläche jedes Rollers dem Teller gegenüber vor, während der nach außen liegende Teil zurückbleibt. Da die von den gegeneinander arbeitenden Flächen unmittelbar getroffenen Teile des Arbeitsgutes der Geschwindigkeit dieser Flächen sich anzuschließen suchen, so tritt im Arbeitsgut eine gegensätzliche Verschiebung ein, wie bei Walzen mit verschiedener Umfangsgeschwindigkeit (vgl. S. 5).

Sie ist aber ungleich und läßt sich nicht so bestimmt bemessen wie bei den Walzen[1].

Ist das Arbeitsgut klebrig, so werden die Roller mit Abstreifer versehen. Das Reinigen der Maschine nach dem Bearbeiten eines Postens klebrigen Mischgutes verursacht, wenn es gründlich vorgenommen werden soll, viel Mühe, weshalb der Kollergang namentlich für rohere Gemische angewendet wird, z. B. für Formerlehm und Ton, und zwar dann, wenn man gleichzeitig eine Zerkleinerung beigemengter Teile anstrebt.

Es sei noch auf die Gefahren hingewiesen, welche der Kollergang dem bedienenden Arbeiter bietet. Einhüllen des Ganzen würde wesentliche gute Eigenschaften des Kollerganges vernichten. Ebenso ist unvermeidlich, daß der Arbeiter während des Betriebes — wenn auch mittels Werkzeugen — das Arbeitsgut behandelt. Insbesondere ist der Kollergang mit festem Teller (Abb. 71) gefährlicher als derjenige mit kreisendem Teller, weil bei ersterem der Arbeiter den Rollern folgen muß, wobei er leicht stolpern kann, während der Kollergang mit kreisendem Teller — da die Roller ihren Ort nicht verlassen — ihm gestatten, einen sicheren Platz einzunehmen.

4. Trockene Gemische.

Für kleinere Mengen eignet sich die Mischtrommel (vgl. S. 34, 36). Wird eine Trommel a, Abb. 72, die zum Teil mit Mischgut gefüllt ist, langsam gedreht, so steigt das Mischgut vermöge seiner Reibung an der

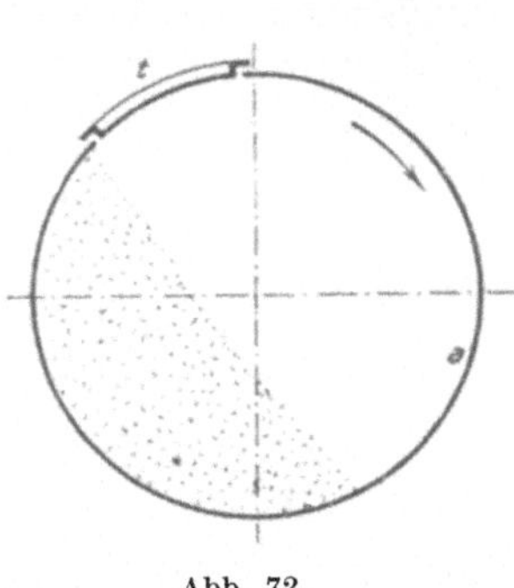

Abb. 72.

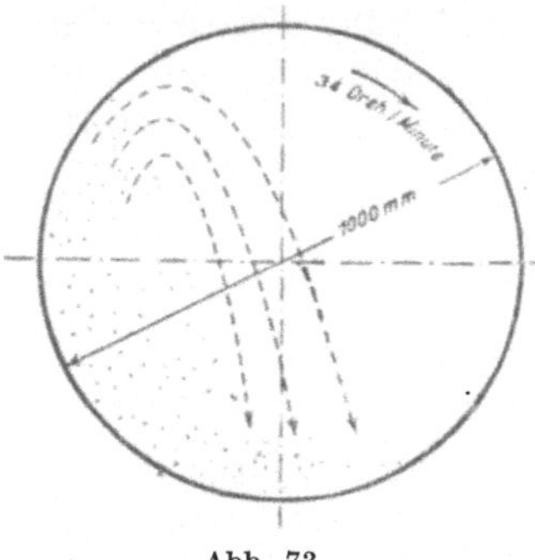

Abb. 73.

Trommelwand mit empor, bis sein Böschungswinkel überschritten ist oder es an der Trommelwand gleitet. In letzterem Falle wird man von einer Mischwirkung wenig spüren, im ersteren Fall stürzt, nachdem der Böschungswinkel überschritten ist, der obere Teil des Arbeitsgutes herab, eine neue, flachere Böschung bildend, die dann bald ebenfalls zerstört wird usw. Bei diesen wiederholten Abstürzen gelangt das Arbeitsgut in andere Nachbarschaft, wird also gemischt.

---

[1] *Carl Naske:* Zerkleinerungsvorrichtungen u. Mahlanlagen. Leipzig 1921, 3. Aufl., S. 57 u. ff.

Das Mischen in einer derartigen Trommel bedingt demnach eine gewisse Rauheit der Trommelinnenwand.

Ist diese vorhanden, und dreht man die Trommel genügend rasch, so löst sich in gewisser Höhe das Arbeitsgut von der Trommelwand, bewegt sich in freiem Wurfbogen quer durch die Trommel und fällt in mehr oder weniger weitem Abstand von seinem früheren Ort nieder[1], wie Abb. 73 andeutet.

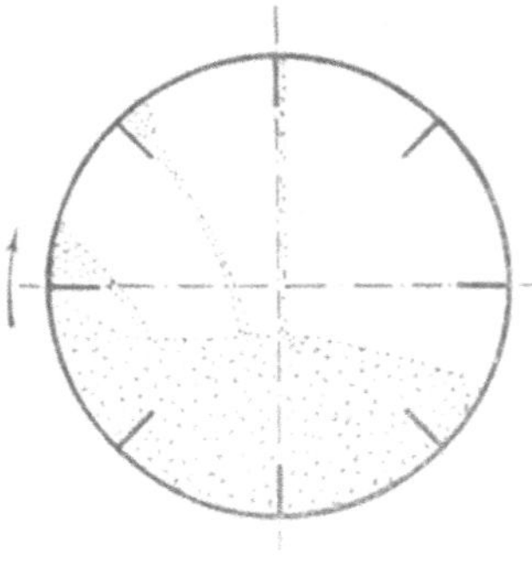

Abb. 74.

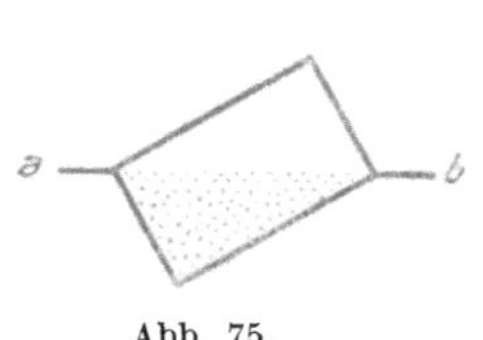

Abb. 75.

Steigert man die minutliche Drehungszahl n der Trommel über $n = \dfrac{42}{\sqrt{D}}$ (wobei D den Trommeldurchmesser in Metern ausdrückt), so hört die Wurfbewegung auf; es bildet das Arbeitsgut einen Kranz, gewissermaßen eine Auskleidung der Trommel, welche sich mit letzterer dreht.

Eine gute Ausbildung des Wurfbogens und damit vorteilhaftes Mischen erreicht man[2] bei $n \cdot \sqrt{D} = 32$ bis 35. Aber auch bei geringerer Umdrehungszahl lassen sich gute Ergebnisse erzielen[3], wenn man die Innenseite der Trommelwand mit schaufelartig wirkenden Hervorragungen versieht, welche das Arbeitsgut emporheben und in einiger Höhe fallen lassen, so daß es in eine andere Umgebung kommt (vgl. Abb. 74). Solche nach innen vorspringende Leisten werden zuweilen sehr breit gemacht. Man findet auch Mischtrommeln quadratischen Querschnittes, deren Wirkungsweise ohne weiteres zu erkennen sein dürfte.

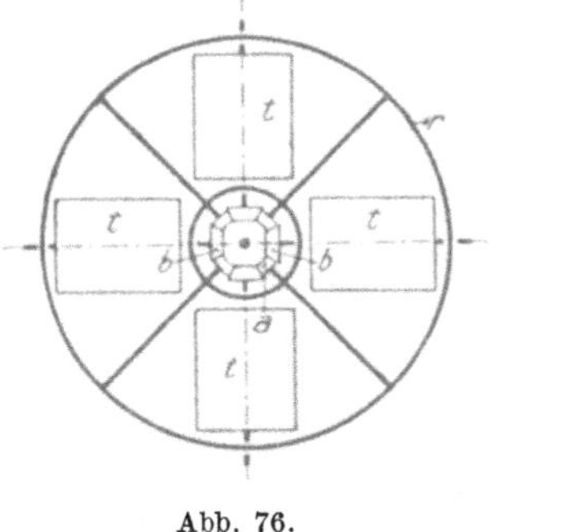

Abb. 76.

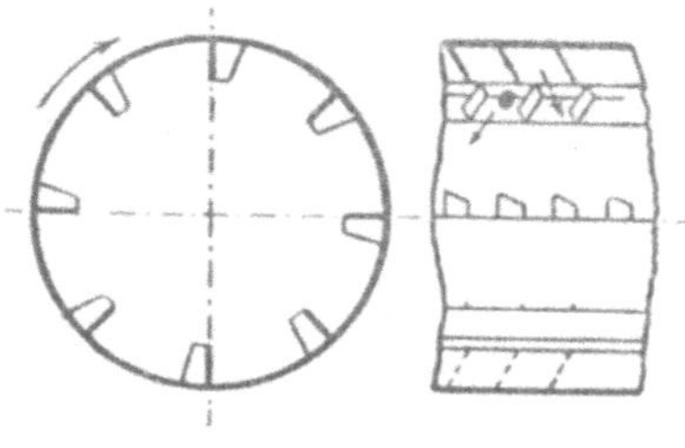

Abb. 77.

Das Mischen in solchen Trommeln findet regelmäßig je in ein und derselben Querschnittsebene statt. Dasjenige Arbeitsgut, welches an einem Trommelende sich befindet, kann nur durch Zufall an das andere Trommel-

---

[1] Vgl. Zeitschr. d. Ver. deutsch Ing. 1904, S. 438, m. Ab.

[2] Vorige Quelle S. 438.

[3] *Carl Naske:* Zerkleinerungsvorrichtungen u. Mahlanlagen. Leipzig 1921, 3. Aufl., S. 136 u. ff.

ende gelangen. Deshalb ist, zweckmäßig, die Trommeln im Verhältnis zu ihrem Durchmesser möglichst kurz zu machen, oder besondere Mittel anzuwenden, welche auch Verschiebungen in der Achsenrichtung erzwingen. Dahin gehören Trommeln mit kreisrundem oder quadratischem Querschnitt, deren Drehachse $a\,b$, nach Abb. 75, diagonal zum Längenschnitt der Trommel liegt, so daß das Mischgut wechselnd nach rechts und links geworfen wird. Man hat sogar Mischtrommeln gebaut, die sich um zwei Achsen drehen.

Mehrere Trommeln t, Abb. 76, sind in einem großen Rad r gelagert, so daß sie sich um ihre geometrische Achse drehen können. Das Rad r dreht sich mit den Trommeln um seine rechtwinklig zu den Trommelachsen liegende eigene Achse. Das Rad r wird angetrieben und vermittelt die besonderen Drehungen der Trommeln durch ein ruhendes Kegelrad a, in welches die Kegelräder b der Trommeln greifen[1].

Praktische Bedeutung haben derartige Mischtrommeln wegen der vielen Schwierigkeiten, welche sie dem Bau und Betrieb bieten, nicht gewonnen.

Man erreicht den vorliegenden Zweck einfacher und mindestens ebenso sicher durch Ausbildung der nach innen vorspringenden Leisten zu schrägliegenden Bechern, Abb. 77, deren Schräglage teils nach rechts, teils nach links gerichtet ist.

Wichtig ist die Frage: Wie beschickt man und wie entleert man die Trommel?

In Abb. 72 ist eine Tür t angedeutet. Nach dem Öffnen dieser Tür ist das Beschicken sehr einfach: man wirft das Mischgut, unter Umständen einen Trichter benutzend, durch die Türöffnung ein. Zeitraubend ist dagegen das Entleeren. Zwar fällt ein beträchtlicher Teil des Mischgutes heraus, wenn man die Türöffnung nach unten dreht. Der Rest aber erfordert vielfaches Hin- und Herdrehen der Trommel, und eine völlige Entleerung ist auch auf diesem Wege nicht zu erreichen. Bei Verwendung des durch Abb. 74 dargestellten Trommelquerschnittes dürfte diese Entleerungsweise fast unmöglich sein.

Hübsch ist die vorliegende Aufgabe bei der *Mühlau*schen Mehlmischtrommel[2] gelöst. Es ist diese durch Abb. 78 im Querschnitt dargestellt.

Die Trommel t enthält an der Innenseite ihrer Wand zahlreiche Schaufeln b, welche bestimmt sind, in bekannter Weise das Mischgut zu heben und in einiger Höhe fallen zu lassen. In der Mitte der Trommel befindet sich eine Förderschraube s, die mit ihrem Kasten über die Böden der Trommel hervorragt. Der Kasten der Förderschraube ist im Innern der Trommel in ganzer Länge offen, hat hier also trogartige Gestalt; er kann um seine Achse so gedreht werden, daß seine Öffnung entweder nach unten oder oben gerichtet ist. Behufs Beschickens der Trommel wird die offene Seite des Förderschrauben-

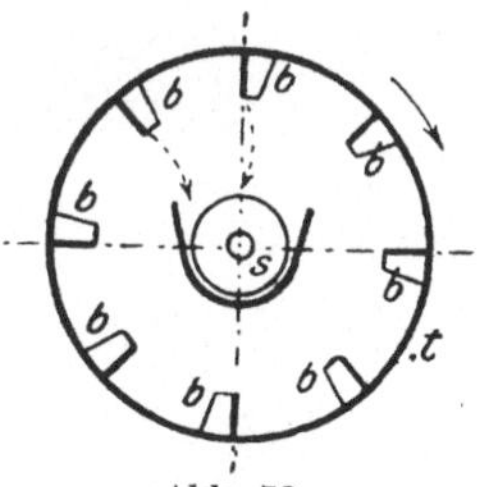

Abb. 78.

---

[1] Vgl. auch *W. C. Mewes:* Die Entwicklung der Naßrohrmühle in Amerika. Zeitschr. des Ver. deutsch. Ing. Berlin 1920, S. 555.

[2] D. R. P. Nr. 29 183 vom 10. April 1884.

troges nach unten gedreht, zum Zweck des Austragens aber nach oben, wie Abb. 78 darstellt. Die Schaufeln b lassen das von ihnen gehobene Mischgut dann in den Trog fallen, und die Schraube s fördert es nach außen. Ist die Öffnung des Förderschraubentroges nach unten gekehrt, so fällt das von den Schaufeln b gehobene Mischgut zum Teil auf den nach oben gekehrten Boden des Troges und wird dabei zugunsten des Mischens verspritzt.

Ein späteres Patent[1] ist hauptsächlich der Abdichtung des Troges in den Böden der Trommel gewidmet.

Sind größere Mengen zu mischen, so wird die Mischtrommel für stetiges Mischen eingerichtet, was später erörtert werden wird.

Das schichtenweise Übereinanderlegen der zu mischenden Stoffe und Querabstechen dieser Schichten sowie Durcheinanderwerfen des Abgestochenen

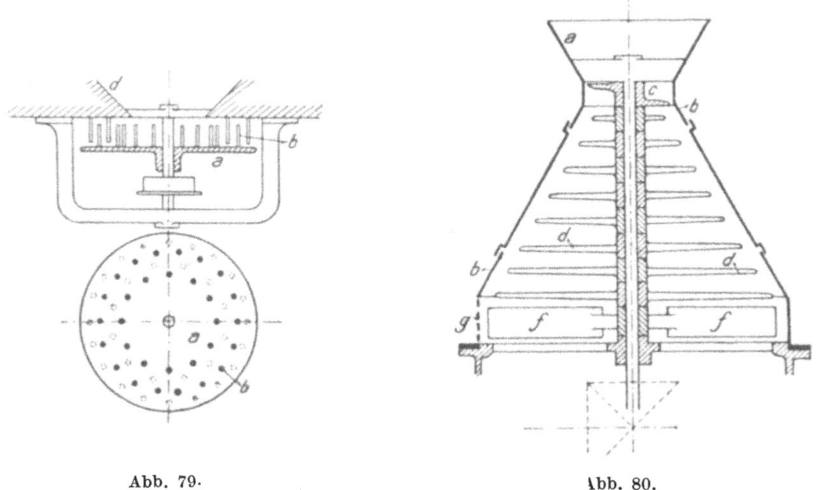

Abb. 79.   Abb. 80.

mittels Handschaufeln (vgl. S. 6, 7) wird auch mittels Maschinen bewirkt. Eine sehr einfache zum Mischen des Formsandes bestimmte Vorrichtung[2] besteht in einer fahrbaren Schaufel. Das von dieser abgehobene Mischgut gelangt in eine Siebtrommel, um etwa sich vorfindende grobe Körner zurückzuhalten, im übrigen durcheinandergeworfen zu werden, und fällt dann auf den Boden.

Zum Durcheinanderwerfen des von den Schichten Abgestochenen werden auch Stiften-Schleudermaschinen verwendet.

Abb. 79 zeigt eine solche Maschine mit wagerechter, ebener Schleuderscheibe in lotrechtem und wagerechtem Schnitt. An einer lotrechten Welle sitzt die Scheibe a. In ihr stecken zahlreiche Stifte b, die einen oder mehrere Ringe bilden. An einer darüber befindlichen festen Fläche sind ebensolche Stifte herabhängend so angebracht, daß die festen Stiftringe zwischen den mit a drehbaren sich befinden. Bringt man nun, unter Benutzung der Ein-

---

[1] D. R. P. Nr. 41 534.
[2] Zeitschr. f. prakt. Maschinenbau 1910, S. 1341, mit Schaubild.

wurföffnung *d*, Mischgut auf die Scheibe *a*, so wird es nach außen bewegt, von den Stiften der Scheibe gegen die festen Stifte geschleudert und schließlich nach außen abgeworfen. Meistens enthält die Scheibe *a* nur zwei Stiftenringe, zwischen welche ein fester Ring ragt. Es werden aber auch oft sowohl mehr Ringe als auch weniger angewendet. Zuweilen ist gar kein fester Ring vorhanden[1].

Abb. 80 zeigt eine Bauart dieser Schleudermischmaschinen, welche man insbesondere zum Mischen des Formsandes angewendet findet. Sie ist von *Diefenthäler* angegeben[2] und besteht aus dem Beschickungstrichter *a*, der in den kegelförmigen Mantel *b* übergeht, und einer stehenden Welle mit Schleuderarmen *d*. Die Welle wird unten durch ein Kegelradvorgelege in rasche Umdrehung versetzt. Sie ist oben mit einer flachen Schraube *c*, welche den Hals des Trichters ausfüllt, versehen, um das Mischgut nur allmählich in die Maschine gelangen zu lassen. Die Stifte *d* sind sternartig zu je 8 mit einer Nabe verbunden, und diese Naben so an der stehenden Welle befestigt, daß jeder folgende Stern eine andere Lage als der vorhergehende hat und dem herabfallenden Mischgut unmöglich gemacht wird, ohne Berührung der Stifte nach unten zu gelangen. Bevor das von den Stiften lebhaft durcheinander geworfene Mischgut auf dem Boden *e* ankommt, wird es von einem durch die Flügel *f* hervorgerufenen heftigen Luftstrom erfaßt und gegen das den Windflügel im Halbkreis umgebende Sieb *g* geschleudert. Der gemischte Sand entweicht durch die Maschen des Siebes nach außen, etwaige gröbere Beimengungen werden von dem Sieb zurückgehalten.

Es möge wiederholt werden, daß diese Maschinen eine gute Mischung nur dann herbeizuführen vermögen, wenn das Mischgut ihnen in dem verlangten Mengenverhältnis zugeführt wird. Hierzu dient, wie angegeben, das Aufeinanderlegen der einzelnen zu mischenden Stoffe in gleichförmig dicken Schichten und das ordnungsmäßige Abstechen dieser Schichten, so daß jede Schaufelfüllung das Mischgut in dem gewollten Mengenverhältnis enthält.

Die Schichten lassen sich nun mittels Handwerkzeugen gut herstellen. Solche Handarbeit ist aber teuer; man sucht sie deshalb durch Maschinenarbeit zu ersetzen.

Dazu dient nicht selten die Stiftenschleudermaschine, Abb. 79 (S. 48). Sie wird z. B. an der Decke des Raumes angebracht, in dem die Schichtenbildung stattfinden soll, und von dem nächst höher belegenen Geschoß beschickt. Das durch die Schleudermaschine oder den Streuteller *a*, Abb. 79, ausgeworfene Mischgut fällt, eine Art Glocke bildend, zu Boden. Die sich hier ansammelnde Schicht ist demnach nicht gleichförmig dick. Es entsteht vielmehr eine Art Ring, der gleichachsig zum Streuteller liegt und von seiner größten Dicke ab nach innen und außen an Dicke abnimmt. Wenn man aber den einen der zu mischenden Stoffe so ausgebreitet hat und einen andern ebenso behandelt, so werden, sofern Korngröße und Einheitsgewicht der

---

[1] Vgl. *Schütz*. D. R. P. 24 803, vom 17. Febr. 1883 für Formsand. Desgl. für Formsand: Engineering, Nov. 1882, S. 509.

[2] D. R. P. Nr. 23 561 vom 24. Dez. 1882; Dinglers Polytechn. Journ. **252**, 453, 1884, m. Abb.

einzelnen Stoffe unter sich gleich sind, in jedem lotrechten Schnitt die Schicht-
dicken etwa in demselben Verhältnis stehen wie die Stoffmengen, welche zur
Bildung der Schichten verwendet wurden. Diese Schichtung kann also,
wenn mit Vorsicht abgestochen, als Grundlage für das Mischen dienen.

Eine Mischmaschine, welche für die Farbstoffindustrie von größter Bedeutung ist, ist die Universal-Mischmaschine, System „Höchster Farbwerke". Die Mischmaschine, eine Erfindung von Oberingenieur *Tiedtke*[1],
ist aus dem Bedürfnis entstanden, eine Mischtrommel zu besitzen, welche
staublos gefüllt und entleert werden kann; außerdem soll sie besonders gute
Mischungen liefern. Das innige Mischen wird dadurch erreicht, daß das
trockene Mischgut in der Maschine einen Kreislauf macht, einen Teil der
Mischgüter aus dem Kreislauf (vgl. Abb. 81) durch in der Trommel radial

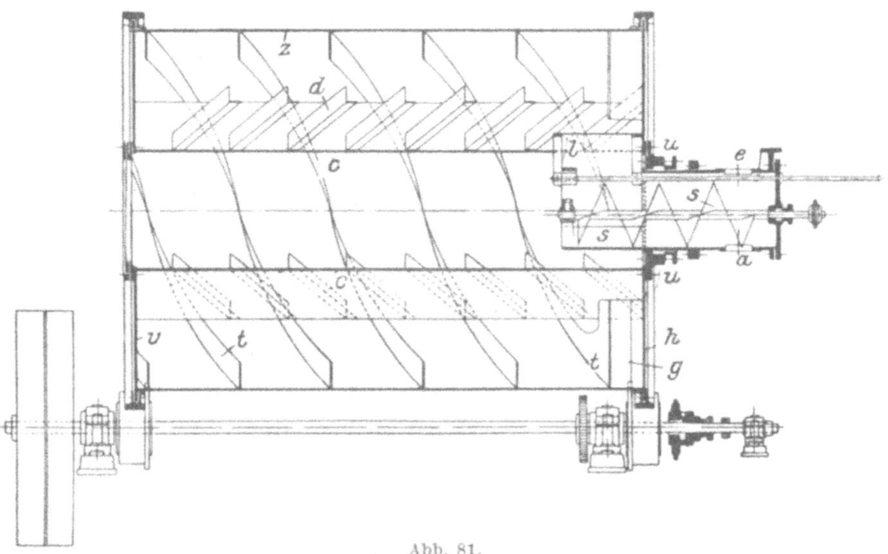

Abb. 81.

stehende, schmale Bleche *c* herausgehoben und wieder in den Kreislauf hinein-
geworfen wird. Den Kreislauf besorgen die schraubenförmig angeordneten
Bleche *t* und die auf den vorhin genannten Radialblechen *c* angebrachten
Schrägwinkelbleche *d*. Das erstrebte staublose Arbeiten ist dadurch bedingt,
das vom Füllen, sei es von Silos oder von Zerkleinerungsmaschinen (vgl. Abb. 82)
u. dgl., bis zum Entleeren in Säcke, Fässer usw. alles geschlossen vor sich gehen
kann. Beim Füllen der Maschine, was zweckmäßig bis zur Hälfte des Inhalts
geschehen soll, bringt die Schnecke *s* (Abb. 81) das Mischgut nach innen in
die zylindrische Trommel *z*. Soll die Maschine entleert werden, so wird die
Schraube *s* umgestellt, so daß sie von innen nach außen fördert, wobei das
Schiebedach *l* mittels der Stange *f* in das Innere der Mischmaschine geschoben
wird. Hierbei kann das von der Tasche *g* gehobene Mischgut in die Förder-

---

[1] D. R. P. Nr. 199 824 vom 12. April 1907 und Zusatzpatent Nr. 202 309 vom
31. Jan. 1908.

schraube *s* gelangen und bei *a* in ein untergestelltes Auffanggefäß fallen. Die Entleerung der Maschine erfolgt restlos, weil der Schraubengang *t* die letzten Reste in die Tasche *g* treibt. Diese Universalmischmaschine, System Höchster Farbwerke, wird von der *Maschinenbauanstalt und Dampfkesselfabrik Akt. Ges. Darmstadt, vormals Venuleth & Ellenberger und Göhrig & Leuchs* gebaut.

In Abb. 82 ist eine Mahleinrichtung zum Feinmahlen von Farbstoffen dargestellt unter möglichster Vermeidung von Staubentwicklung. Die im mittleren Stockwerk des Gebäudes aufgestellte Zerkleinerungsmaschine *A*

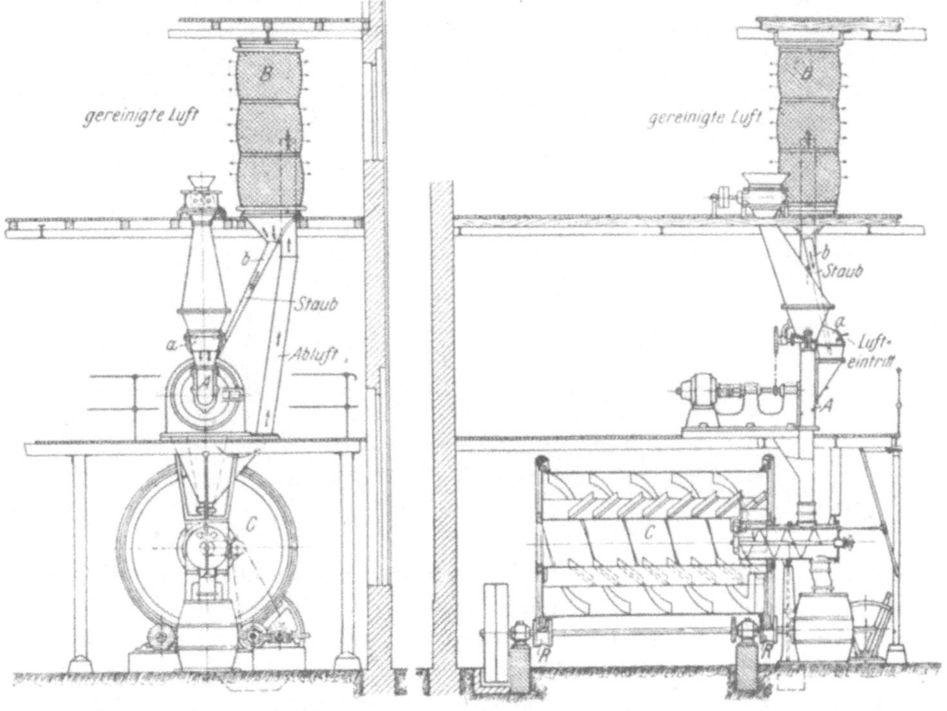

Abb. 82.

ist eine Perplexmühle der Alpinen Maschinenfabrik in Augsburg. Diese Maschine saugt an dem Einlauf *a* Luft ein, so daß an dem Einlauf kein Staub entstehen kann. Die bei *a* eingesaugte Luft muß wieder abgeführt werden. In dem Filter *B*, im zweiten Stockwerk, wird die Luft von dem Staub getrennt. Bei den bisherigen Anlagen wird der Staub aus solchen Filtern in Fässer oder Kästen aufgefangen. Man hat dann die unangenehme und staubentwickelnde Arbeit des Einfüllens des gesammelten Staubes in die Maschine. Dies ist hier in Abb. 82 vermieden, weil der in dem Filter befindliche Überdruck den unten im Staubfilter sich sammelnden Staub durch das Rohr *b* wieder in den Einlauf der Zerkleinerungsmaschine hineinbläst. Die lichte Weite des Rohres *b* ist so gewählt, daß die mit dem Staub austretende Staubluft von der Zerkleinerungsmaschine *A* wieder eingesaugt wird. Von hier fällt der Farbstoff in die Mischmaschine C, wie sie in Abb. 81 dargestellt und S. 50 beschrieben ist. Nach erfolgter Mischung ist dann ein selbsttätiges, staubloses Entleeren in die Fässer c möglich.

Gavron und *Rappaport* begnügen sich bei ihrer Mischmaschine für pulverförmige Körper[1] mit noch unvollkommener Schichtung. Sie werfen die zu mischenden Stoffe der Reihe nach, unter Verzicht auf einen Streuteller, durch den Aufschütttrichter a, Abb. 83, in den Mischraum b. Die voraussichtlich entstehende Schichtung ist in dem Bilde angedeutet. Sie lassen aber diese Schichtung in zuverlässig lotrechten Ebenen zerschneiden. Der Boden des Mischraumes ist im Querschnitt halbkreisfömig; er schmiegt sich der kreisrunden Scheibe h an, die am Kopf der mit Schraubengewinde versehenen Spindel f festsitzt. Diese Spindel wird durch die Riemenrolle d, die mit Hilfe ihrer langen Nabe im festen Arm e so gelagert ist, daß sie sich nur drehen

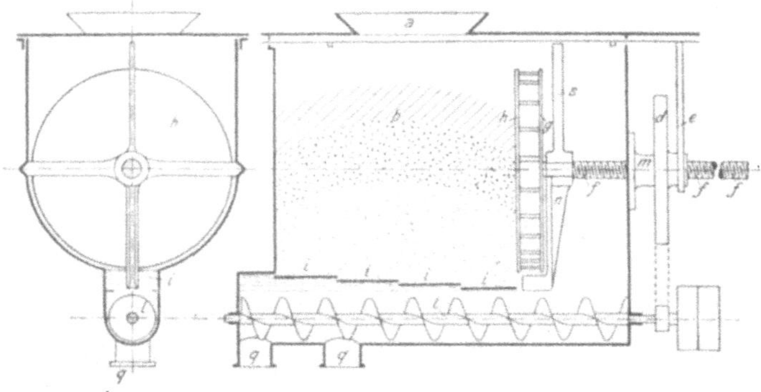

Abb. 83.

kann, in Umdrehung versetzt. In der Nabe der Riemenrolle sitzt eine Feder, welche in eine lange Nut der Spindel greift. m bezeichnet die an der Mischkastenwand feste Mutter der Schraube f, so daß, wenn f gedreht wird, die Scheibe h sich dreht und gleichzeitig nach links verschiebt. Die Scheibe h ist nun mit Hobelmessern versehen, welche von dem vor ihnen liegenden Haufwerk spanartige Schichten abheben, die auf die rechte Seite von h gelangen, auf die Stehbolzen, welche h mit einer zweiten Scheibe g verbinden, fallen und durch diese Stehbolzen durcheinander geworfen werden, in die Schraube l und schließlich zu den Austrittsstutzen q. Die Spindel f ist in einem Armkreuz n gelagert, welches in Nuten der Kastenwand geführt wird. Der nach unten hängende Arm des Kreuzes n schiebt die Deckplatten i des Schneckentroges soviel als nötig zurück. Man wird die vorliegende Lösung, die Förderschraube gegen den Inhalt des Kastens b abzuschließen, nicht als glücklich bezeichnen können, weil voraussichtlich die einzelnen Deckplatten i sich häufig festsetzen werden. Ein nach oben gerichteter Arm s des Armkreuzes n stößt zu gegebener Zeit gegen einen Vorsprung einer obenliegenden Stange t, um den Antriebsriemen der Schraube l auf seine lose Rolle zu schieben und dadurch den Betrieb zu unterbrechen.

---

[1] D. R. P. Nr. 7294 vom 17. April 1879.

Diese Maschine ist später geändert worden[1], ohne das Grundlegende, das Quertrennen der Schichtung und Durcheinanderwerfen des Abgeschnittenen, anzutasten. Ich habe sie in einer Kunstdüngerfabrik in folgender Ausbildung gesehen: Das vorläufig bereitete Gemisch wird in eine Kammer fallen gelassen, deren Boden aus einem etwa 2,7 m breiten und 10 m langen Wagen besteht. Die Hinterwand dieser Kammer ist fest, die beiden Seitenwände lassen sich ein wenig nach außen verschieben und die Vorderwand ist als Flügeltür ausgebildet. Vor der Kammer, und zwar in solchem Abstand von ihr, daß die Flügel der Tür zurückgelegt werden können, befindet sich eine lotrechte Trommel, bestehend aus Armkreuzen, auf welchen 6 Längsschienen befestigt sind. An diesen Schienen sitzen handbreite Messer so zerstreut, daß sie bei Drehung der etwa 2,5 m hohen Trommel die ganze Höhe bestreichen. Der untere Rand der Trommel liegt in gleicher Höhe mit der Wagenoberfläche, so daß der Wagen unter der lotrechten Trommel hinweg gefahren werden kann. Der Durchmesser der von den Messern beschriebenen Kreise mag etwa 3,5 m betragen. Das in die Kammer gebrachte Gemisch hat sich in einen festen, fast trockenen Teig verwandelt, so daß es nach dem Öffnen der Kammertüren und dem Abrücken der Seitenwände als zusammenhängender Block auf dem Wagen liegt und mit dem Wagen langsam hervorgezogen werden kann. Die Messer der sich langsam drehenden Trommel behobeln diesen Block und werfen die abgehobenen Späne in einen seitlich angebrachten Trichter. Es entstehen auch Brocken. Am unteren Ende des Trichters befindet sich eine minutlich etwa 400 Drehungen machende Schneidscheibe, welche das Mischgut weiter zerkleinert und durcheinander wirft. Es gelangt in einen gut gelüfteten Gefäßspeicher und dann zum Versand. Die verwendeten Fördervorrichtungen vollenden, wie bei dem stetigen Mischen erörtert werden wird, die Mischung.

Eigenartig ist das Mischen des Brennstoffes mit den Erzen und Zuschlägen bei manchen Hochöfen und zuweilen auch bei anderen Schachtöfen. Der Schacht am oberen Rande ist kegelförmig erweitert, oder ein abgestumpfter Hohlkegel mit der Basis nach oben eingehängt, so daß er eine Art Trichter bildet. Eine hebbare Trommel, welche andererseits mit der Gasabführung in Verbindung steht, stützt sich auf den unteren kleineren Umfang des Hohlkegels oder Trichters, schließt damit den Ofen nach oben ab und läßt zwischen sich und der Trichterwand einen ringförmigen Hohlraum dreieckigen Querschnittes frei, der zur Aufnahme der Beschickung, der sogenannten Gicht, bestimmt ist. In diesem ringförmigen Trichter wird das die Beschickung Bildende der Reihe nach eingetragen, so daß die einzelnen Bestandteile in bestimmter Reihenfolge übereinander und auch nebeneinander zu liegen kommen, jeder Querschnitt des Ringes die Bestandteile etwa in dem vorgeschriebenen Mengenverhältnis enthält. Man hebt dann die Trommel, so daß die Beschickung in den Ofen stürzt. Das hierbei stattfindende Mischen ist nicht vollkommen, genügt aber dem Zweck.

---

[1] D. R. P. Nr. 10 558 vom 4. Okt. 1879.

III. Stetiges Mischen.

A. Allgemeines.

Das postenweise Mischen gestattet, mit verhältnismäßig einfachen Mitteln einen beliebigen Genauigkeitsgrad in dem Mengenverhältnis der zu mischenden Stoffe zu erzielen. Es ist nur nötig, in jeden einzelnen Posten die bestimmte Stoffmenge zu bringen und das eigentliche Mischen so lange fortzusetzen, bis in dem Posten die geforderte Gleichartigkeit erzielt ist. Das postenweise Mischen ist das gegebene Verfahren für Versuche, und ist auch für wechselnde Anforderungen dem stetigen Mischen vorzuziehen wegen des fast unbegrenzten Anpassungsvermögens. Es erfordert aber viel mehr Raum, Zeit

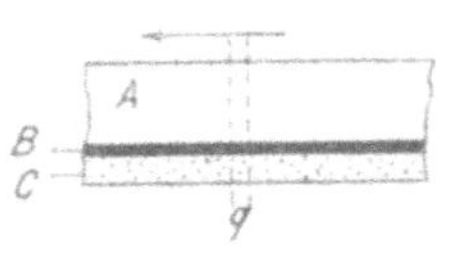

Abb. 84.

und Handarbeit als das stetige Mischen, dessen Bedienung meistens nur im Beschicken, Überwachen und schließlichen Fortnehmen des Gemisches besteht. Das stetige Mischen ist im allgemeinen auch dem regelrechten Fabrikbetriebe besser einzufügen. Indem es die Stoffe, welche von Zerkleinerungsmaschinen oder dergleichen in stetigem Strome geliefert werden, ohne sonst nötige Zwischenspeicher aufnimmt und weiterleitet, erspart es die zeitraubenden und oft mühseligen Arbeiten des Umladens in und aus den Behältern, welche beim postenweisen Mischen zur einstweiligen Unterbringung des Arbeitsgutes dienen. Auch das häufige In- und Außerbetriebsetzen der Maschinen, welches das postenweise Mischen bedingt, kann durch das stetige Mischen gespart werden.

Das stetige Mischen verlangt aber ein stetiges Zuteilen der zu mischenden Stoffe.

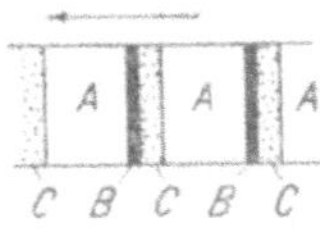

Abb. 85.

Das erreicht man in zweierlei Weisen. Man teilt jeden der Stoffe in gleichförmigem Strome zu und vereinigt diese einzelnen Ströme in einem Gesamtstrom. In der Abb. 84 sind beispielsweise drei Stoffe A, B und C zusammengelegt. In jedem Querschnitt q des Gesamtstromes sind die zu mischenden Stoffe in dem beabsichtigten Mischungsverhältnis vorhanden, so daß eine gegensätzliche Querverschiebung auch kurzer Stücke des Stromes das Gemisch im bestimmten Mengenverhältnis liefert. Das zweite Verfahren besteht im stufenweisen Zuteilen von Posten des zu Mischenden, natürlich in dem gegebenen Mengenverhältnis. Diese Stufen reihen sich aneinander, wie Abb. 85 versinnlicht. Dieses Verfahren verlangt, daß mindestens eine volle Stufe dem eigentlichen Mischen unterworfen wird, anderenfalls ist ein gleichförmiges Gemisch nicht zu erwarten. Es gibt Mischvorrichtungen, welche das ihnen

Zugeteilte von den Nachbarteilen mehr oder weniger streng gesondert halten. Diese Mischvorrichtungen sind nur für das erstgenannte Zuteilungsverfahren brauchbar. Aber auch andere Mischvorrichtungen lassen erwünscht erscheinen, daß bei dem durch Abb. 85 versinnlichten Zuteilungsverfahren die einzelnen Posten jeder Stufe möglichst klein sind. Werden die einzelnen Posten A, B, C sehr klein gemacht, so geht das gruppen- oder periodenweise Zuteilen, soweit das eigentliche Mischen in Frage kommt, in das stetige Zuteilen über. Die Räume, in denen das eigentliche Mischen vorgenommen wird, sind dann immer so groß, daß sie gleichzeitig mehrere Gruppen aufnehmen und behandeln. Selbst wenn einige Glieder der Stufe in geraden, andere in ungeraden Zahlen vorkommen, so beeinträchtigt bei sehr kleinen Stufen das die Gleichartigkeit des Gemisches nur wenig. Das Zuteilen in gleichförmigen Strömen ist an sich allerdings das Erstrebungswertere. Praktische Schwierigkeiten, welche es begleiten, sind aber in vielen Fällen bestimmend für die Anwendung des postenweisen periodischen Zuteilens.

Es läßt sich sofort erkennen, das letzteres sich wechselnden Umständen verhältnismäßig leicht anpassen läßt; man braucht ja nur die einzelnen Posten in ihrem Mengenverhältnis zu ändern. Bei dem Zuteilen in stetigen Strömen bedingt ein Wechsel in der Regel das Einstellen jeder einzelnen Zuteilvorrichtung. Jedenfalls muß erwartet werden, daß die Vorrichtung nach dem Einstellen in der Zeiteinheit eine bestimmte Stoffmenge liefert, und eine Prüfung vorgenommen werden, welche dieses Erwarten bestätigt.

B. Zuteilen in stetigem Strome.

Es beruht regelmäßig auf dem Raummessen; mir ist kein Versuch bekannt, das Wägen für das stetige Zuteilen zu verwenden. Das Raummessen ist aber mit erheblichen Fehlerquellen behaftet, wenn seine Ergebnisse zur Bestimmung der Stoffmenge benützt werden sollen[1]. Es ist daher nötig, diese Fehlerquellen soviel wie möglich auszuschalten.

Bei dem Raummessen gasförmiger Stoffe bestehen die Fehlerquellen im Wechsel von Druck und Temperatur. Man kann die hieraus entspringenden Einflüsse berechnen, zieht aber für praktische Zwecke vor, solche Wechsel zu vermeiden, also immer mit derselben Temperatur und dem gleichen Druck zu arbeiten. Bei tropfbaren Flüssigkeiten sind Temperatur und Druck von geringerer Bedeutung, man sucht sie aber doch unverändert zu halten. Erheblicher ist die Fehlerquelle, welche aus dem Anhaften der Flüssigkeit an den Wänden der Meßeinrichtungen erwächst. Da das stetige Zuteilen dauernd für die gleiche Flüssigkeit verwendet wird, so erscheint die genannte Fehlerquelle nach kurzer Betriebszeit als Konstante und wird als solche berücksichtigt.

Viel einschneidender sind die Fehlerquellen bei den Sammelkörpern. Sie beruhen auf der wechselnden Größe der Hohlräume zwischen den ein-

---

[1] *Herm. Fischer:* Allg. Grundsätze und Mittel des mechanischen Aufbereitens. Leipzig 1888, S. 53.

zelnen Körpern oder Körnern. Das Verhältnis der Größe dieser Hohlräume zu dem Raum, welchen die festen Körper einnehmen, hängt von zahlreichen Einzelheiten ab; ich nenne von diesen: die schon erwähnte Dicke der Körper oder die Korngröße, ferner den Zustand ihrer Oberfläche (ob rauh oder glatt, ob trocken oder feucht, ob mit Wasser oder Öl gefeuchtet u. dgl. m.), die Art des Eintragens (etwaige Erschütterungen des Meßgefäßes) und Gestalt wie Größe des Meßraumes. Diese Umstände bringen Unterschiede hervor, die bis zu 1 : 2 reichen, müssen also unbedingt berücksichtigt werden. Sie werden bei dem stetigen Zuteilen berücksicht durch Ausschalten möglichst aller Verschiedenheiten, indem immer dieselben Stoffe in gleichem Zustande durch dieselben Einrichtungen behandelt werden und eine Eichung vorgenommen wird.

Es gleichen sich daher die für Gase, für tropfbare Flüssigkeiten und für Sammelkörper zum Ausschalten der Fehlerquellen angewendeten Mittel. Sie bestehen in dem Vermeiden jeden Wechsels und, wenn ein Wechsel unvermeidlich ist, im wiederholten Eichen.

Zu dem Zweck müssen die Zuteileinrichtungen regelbar sein.

1. Zuteilvorrichtungen für Gase und leichtflüssige Stoffe.

Die am häufigsten angewendete Gruppe der hier zu nennenden Einrichtungen läßt die Raummenge durch den Durchflußquerschnitt und die Durchflußgeschwindigkeit bestimmen. Die Durchflußgeschwindigkeit wird durch den Druck der Gase und bei den tropfbaren Flüssigkeiten ebenfalls durch deren Druck oder ihr Gefälle hervorgerufen, wenn man unter Gefälle den lotrechten Abstand der Einfluß- über der Abflußöffnung versteht. Man regelt die Durchflußmenge durch Ändern des Durchflußquerschnittes mittels Ventile, Klappen, Hähne oder Schieber. Dabei ändert sich aber auch die Durchflußgeschwindigkeit, so daß es nicht leicht ist, ohne weiteres eine bestimmte Durchflußmenge zu erzielen. Der zur Verfügung stehende Gesamtdruck oder das Gefälle dienen zum Überwinden der auftretenden Widerstände und zum Hervorbringen der Geschwindigkeiten[1]. Jene Widerstände nehmen mit den Geschwindigkeiten ab. Wenn also infolge Verkleinerung des Durchflußquerschnittes des Regelungsmittels die Durchflußmenge vermindert wird, so mindert sich die Geschwindigkeit in den unveränderlichen Teilen der Leitung, und damit werden die hier auftretenden Widerstände kleiner, also wird der zum Hervorbringen der Geschwindigkeit in dem regelnden Querschnitt übrigbleibende Druckbetrag größer. Demnach steht die Durchflußmenge selbst bei unveränderlichem Gesamtdruck nicht im geraden Verhältnis zum Durchflußquerschnitt. Deshalb bleibt nur übrig, die Ventil- oder Hahnstellungen für jede verlangte Durchflußmenge zu eichen. Daraus folgt ohne weiteres, daß man wünschen muß, mit nur einer oder doch wenigen bestimmten Durchflußmengen auszukommen, was — wie vorhin bereits angedeutet — häufigen Wechsel in der Zusammensetzung der Gemische ausschließt. Aus jenem Umstand aber folgt auch der Wunsch, den Gesamtdruck oder die Gefällhöhe

---

[1] *Herm. Fischer:* Handb. d. Architektur, Teil III, Bd. 4, S. 181 f. u. 209 ff. 3. Aufl.

immer gleich zu halten. Das geschieht durch sogenannte Druckregler oder
Druckminderer, die in großer Zahl erdacht sind[1], aber nicht voll befriedigen,
insbesondere nicht bei sehr kleinen Drücken. Für tropfbare Flüssigkeiten
wird deshalb das Regeln des Gefälles, der Flüssigkeitssäule, welche den Druck
hervorbringt, vorgezogen, und zwar in der Gestalt, daß deren Höhe sich nicht
verändert.

Man gewinnt diese Unveränderlichkeit regelmäßig durch Einschalten
eines mit der Atmosphäre verbundenen Gefäßes und Anordnen eines Ventiles oder dem ähnlichen, auf welches ein Schwimmer so wirkt, daß es mit
steigendem Flüssigkeitsspiegel den Zuflußquerschnitt verengt. Um ein Über-
schreiten des höchsten zulässigen Standes des Flüssigkeitsspiegels sicher zu
verhüten, wird in geeigneter Weise ein Überlauf angebracht[2].

Eine zweite, nur für tropfbare Flüssigkeiten brauchbare Gruppe von
Zuteilvorrichtungen führt einzelne Gefäßfüllungen zu, aber in so kurzer Zeitfolge, daß das für die Misch-
maschine stetiges Zuführen bedeutet. Zur Regelung der zugeführten Menge läßt man entweder
die Geschwindigkeit der voll-
gefüllten Meßgefäße sich ändern
oder deren Füllungsgrad, oder
läßt von der ausgeschütteten
Flüssigkeit einen Teil wieder zu-
rückfließen. Das erstere Verfahren bietet nur geringe Regel-

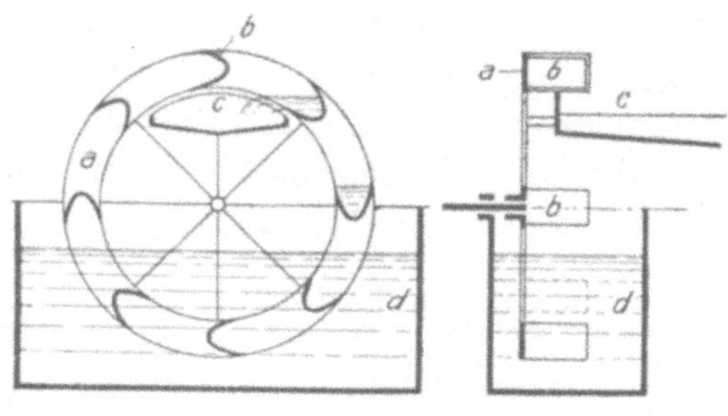

Abb. 86.

barkeit, weil durch Minderung der Geschwindigkeit die Zeitfolge des Aus-
schüttens verlangsamt wird und zu große Steigerung der Geschwindigkeit
das Füllen der Gefäße beeinträchtigt, Verspritzungen veranlaßt oder andere
Unzuträglichkeiten herbeiführt.

Das zweite der genannten Verfahren bedient sich des Schöpfrades. An
einem um seine wagerechte Achse kreisenden Radkranz a, Abb. 86, sitzen
Becher b, die — je nach der Höhenlage des Flüssigkeitsspiegels — in stär-
kerem oder geringerem Grade sich füllen, sich erheben und ihren Inhalt in
eine Rinne oder einen breiten Trichter ausgießen. Es sind hierher auch Kolben-
pumpen mit regelbarem Hub zu rechnen.

Bei dem dritten Verfahren sind die Becher b, Abb. 86, sehr breit, und
das Gefäß c ist gegen das Rad a zu verschieben, so daß — je nach Lage des
Gefäßes c — der ganze Becherinhalt in c fällt oder ein mehr oder weniger
großer Teil der nach oben gehobenen Flüssigkeit, an c vorbei, wieder nach
unten fällt. Der Flüssigkeitsspiegel in dem Gefäß a wird in unveränderter
Höhe erhalten.

Es bedarf kaum der Erwähnung, daß auch diese Zuteilvorrichtungen,
wenn man einigermaßen genaue Ergebnisse verlangt, der Eichung bedürfen.

[1] Zeitschr. d. Ver. deutsch. Ing. Berlin 1883, S. 241 f., m. Abb.
[2] Vgl. auch D. R. P. Nr. 62 850 vom 19. April 1891.

2. Zuteilvorrichtungen für breiartige und steife Stoffe.

Sie liefern die Stoffe in weniger genauen Mengen ab, als die vorhin erörterten.

Da der breiartige Zustand vielfach durch Mischen von flüssigen und trockenen Stoffen geschaffen wird, so sucht man das Zuteilen der breiartigen Stoffe möglichst zu umgehen, indem deren Bestandteile in bestimmten Verhältnissen zugemessen werden.

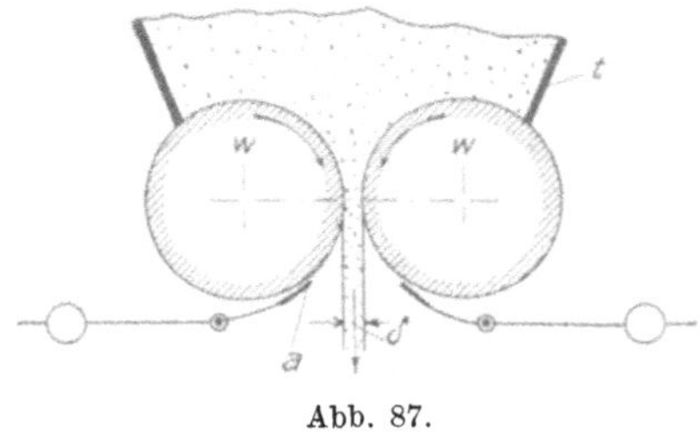

Abb. 87.

Für das stetige Zuteilen breiartiger und steifer Stoffe kommen Walzen und Schrauben zur Verwendung.

Wenn man den Boden eines Trichters t, Abb. 87, aus zwei mit gleicher Geschwindigkeit, aber in entgegengesetzter Richtung sich drehenden Walzen w bildet und in den Trichter einen brei- oder teigartigen Stoff bringt, so wird dieser durch Reibung an. den Walzen zum Teil mitgenommen und unten als ein mehr oder weniger vollständiges Band von der Dicke δ abgeliefert. Es wird nun von manchen angenommen, daß

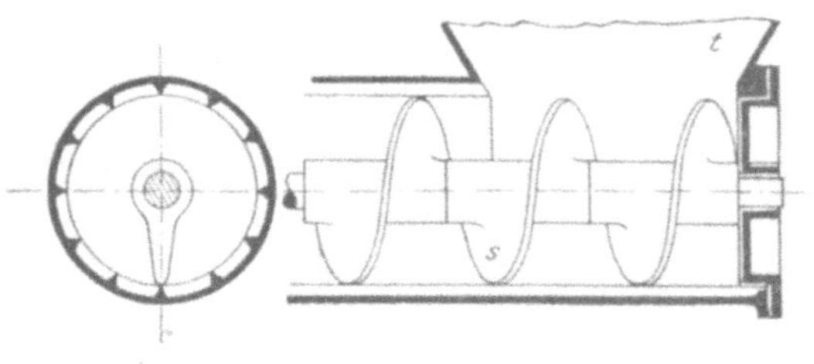

Abb. 88.

die Austrittsgeschwindigkeit dieses Bandes der Walzenumfangsgeschwindigkeit gleiche, also die nach unten beförderte Stoffmenge durch die bekannten Größen: Walzenabstand $= \delta$, Walzenumfangsgeschwindigkeit und benutzte Walzenlänge bestimmt sei. Diese Annahme ist nun irrtümlich, indem die Austrittsgeschwindigkeit der Walzenumfangsgeschwindigkeit nicht gleich ist (vgl. S. 4). Das, was die Walzen durch Reibung in den sich mehr und mehr verengenden, zwischen den Walzen befindlichen Raum mitnehmen, weicht teils nach oben, teils nach unten aus. Ersteres verlangsamt das Einziehen des Teiges, letzteres erhöht die Austrittsgeschwindigkeit. Die Austrittsgeschwindigkeit des gebildeten Bandes ist daher regelmäßig größer als die Walzenumfangsgeschwindigkeit. Die hieraus erwachsende Mehrlieferung hängt von mancherlei Umständen ab, insbesondere von dem Fließungsvermögen des Teiges, und unterliegt unbestimmtem Wechsel[1].

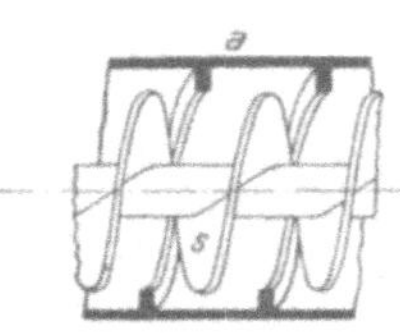

Abb. 89.

Bei der Schraube als Zuteilvorrichtung finden sich ebenfalls erhebliche Fehlerquellen. Wegen unvermeidlicher Spielräume kann ein Teil des Teiges

---

[1] Vgl. auch *Carl Naske:* Zerkleinerungsvorrichtungen und Mahlanlagen. Leipzig 1921, 3. Aufl., S. 37 u. ff.

rückwärts ausweichen, wenn der Gegendruck zu groß wird. Es ist aber auch möglich, daß der Teig sich mit der Schraube dreht, also überhaupt kein oder doch nur langsames Vorwärtsbewegen stattfindet. Das letztere sucht man durch künstliche Rauhung des Schraubengehäuses — vielleicht durch Längsleisten, wie Abb. 88 im Querschnitt angibt — zu verhüten. Wirksamer ist, das Schraubengehäuse a, Abb. 89, als Mutter mit der Neigung der Schraube s, aber entgegengesetzter Richtung, auszubilden. Dreht sich dann der zu fördernde Teig mit der Schraube, so zwingt ihn sein in das Muttergewinde greifender Teil, sich vorwärts zu bewegen, unter der Voraussetzung, daß die Reibung zwischen den Teigteilen erheblich größer ist als deren Reibung an der Maschine. Der Teig wird unter dieser Voraussetzung teils durch die Gewindegänge des Gehäuses a, teils durch diejenigen der Schraube s vorwärts bewegt.

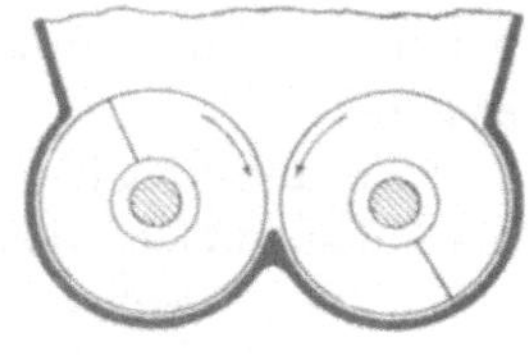

Abb. 90.

Man legt auch zwei Schrauben entgegengesetzter Neigung, die sich entgegengesetzt drehen, in einen Trog, zunächst um den Teig zu hindern, sich mit einer der Schrauben zu drehen. Die Schrauben bewirken, soweit sie unter dem Trichter, Abb. 90, liegen, das Einziehen — wie die Walzen bei Abb. 87 — des Teiges, was der Einzelschraube, Abb. 88, nicht immer gelingt. In bezug auf die Genauigkeit der in der Zeiteinheit zugeteilten Menge ist damit aber wenig erreicht, weil der eingezogene Teig — wie bei den Walzen — teils nach vorwärts, teils nach rückwärts ausweicht.

Selbst kleine Verschiedenheiten in der Steifheit des Teiges und in den Geschwindigkeiten der Walzen und Schrauben können beträchtliche Verschiedenheiten der zugeteilten Menge verursachen.

Endlich sei noch einer Zuteilvorrichtung für brei- oder teigartige Stoffe gedacht, welche einigermaßen zuverlässig arbeitet, wenn die Stoffe einen genügenden, immer gleichen Klebrigkeitsgrad besitzen. Sie wird — meines Wissens — nur für kleinere Mengen verwendet.

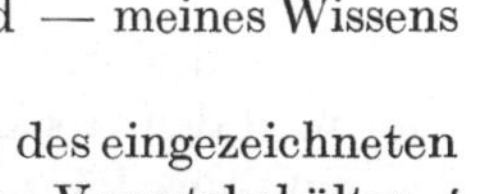

Abb. 91.

Abb. 91 zeigt eine Walze, welche sich in der Richtung des eingezeichneten Pfeiles langsam dreht, im übrigen den trichterförmigen Vorratsbehälter t unten abschließt. Die Walzenoberfläche nimmt einen Teil des auf ihr ruhenden Trichterinhaltes mit sich fort, das einstellbare Messer m verwehrt dem Zuviel den Austritt, und der durch belasteten Hebel angedrückte Abstreicher a löst die an der Walze haftende Schicht ab. Solche Vorrichtungen findet man bei den Walzentrocknern zur Herstellung von Kartoffelflocken und dann beim *Voß*schen Düngerstreuer[1].

Aus der gegebenen Erörterung geht hervor, daß die Zuteilvorrichtungen für brei- und teigartige Stoffe wenig geeignet sind, die Zuteilung in ganz bestimmten Mengen zu vermitteln.

---

[1] *Alwin Nachtweh:* Düngerstreumaschinen. Frauenfeld 1900, S. 13.

Man pflegt daher, wie schon erwähnt, das Zuteilen derjenigen Stoffe, aus denen der breiartige gebildet wird — und das sind meistens trockene und flüssige —, so vorzunehmen, daß das Zuteilen des breiartigen Stoffes entbehrlich wird.

3. Zuteilvorrichtungen für Sammelkörper.

Bei den hierher gehörenden Einrichtungen ist der allgemein für das Zuteilen verwendete Gedanke: von dem untersten Ende des Vorrates fortzunehmen und den Vorrat sich selbsttätig senken zu lassen[1], in ganzer Reinheit erhalten.

Sie unterscheiden sich durch die Art des Fortnehmens und auch durch die Mittel, welche das selbsttätige Nachrutschen sichern sollen. Das selbsttätige Nachrutschen des zu behandelnden Gutes erfährt nicht selten erhebliche Störungen. Grobkörnige Stoffe folgen besser als feinkörnige, insbesondere feine Mehle. Aber selbst bei Getreide und Reis kommen Störungen vor, wenn sie sich in einem gewissen Feuchtigkeitszustande befinden, während Mehle schon bei feuchter Luft sich zusammenballen, ja in dem Vorratsbehälter Brücken entstehen lassen, so daß nur das unter diesen befindliche Gut nachrutscht und nach dessen Verarbeitung das Zuteilen stockt. Es liegt auf der Hand, daß solche oder ähnliche Störungen im stetigen Zuteilen verhängnisvoll werden können. Man muß sie daher verhüten oder wenigstens dafür sorgen, daß sie baldmöglichst erkannt werden, um sie beseitigen zu können. Dahin Gehöriges wird gelegentlich angegeben werden. Die zum Verhüten der genannten Erscheinungen vorhandenen Mittel sind folgende: Verarbeitung nur trockenen Arbeitsgutes in trockener Luft, steile Lage und Glätte der Rutschungsflächen, Erschüttern des Vorratsbehälters, Zerstören der Stauungen durch Rührwerkzeuge.

Das zuerst genannte Mittel, nur gut trockenes Gut in trockener Umgebung zu behandeln, ist vielfach nicht anwendbar, man müßte denn das Arbeitsgut einer besonderen Trocknung unterziehen und auch die umgebende Luft trocken halten, weil — wenigstens sehr viele der hier in Frage kommenden Stoffe — das Arbeitsgut in feuchter Luft Feuchtigkeit aufnehmen würde. Man wird den trocknen Zustand schätzen, aber nur selten ihn für den Zweck des Zuteilens künstlich hervorbringen wollen.

Steile und glatte Rutschungsflächen erleichtern selbstverständlich das Rutschen. Man pflegt deshalb die Flächen möglichst nicht unter 60° gegen die Wagerechte zu neigen.

Um die nötige Glätte zu sichern, macht man die Flächen aus Eisen oder — wenn sie aus Holz bestehen sollen — verkleidet sie mit Eisenblech. Hölzerne Rutschungsflächen sollen aus feinfaserigen Holzarten bestehen und deren Faser der verlangten Rutschung gleichgerichtet sein. Letzteres empfiehlt sich, weil durch die Abnutzung des Holzes Rippen entstehen, die dann längs der Faserrichtung laufen.

---

[1] *Herm. Fischer:* Allg. Grundsätze und Mittel des mechanischen Aufbereitens. Leipzig 1888, S. 653.

Das Erschüttern ist zum Zerstören von Stauungen sehr wirksam. Es ist aber kein angenehmes Mittel, da es Maschinen und unter Umständen auch Gebäude schädigt. Um letzteren Umstand zu mildern, zerlegt man den Vorratsbehälter in zwei Teile, einen großen a, Abb. 92, und einen kleinen. Letzterer, dem die Zuteilvorrichtung angeschlossen ist, erschüttert man dann regelmäßig, so daß hier Stauungen nicht entstehen können. Treten in dem oberen, größeren Behälter a Stauungen ein, so läßt sich das im Behälter b gut beobachten. Es werden sogar Lärmeinrichtungen im unteren Trichter b angebracht, welche das Leerwerden verkünden. Z. B. wird die Klappe k bei genügender Füllung von b niedergedrückt erhalten. Eine belastete, über ein Röllchen geführte Schnur sucht die Klappe k zu heben, was ihr bei in b eintretendem Vorratsmangel gelingt. Indem die Schnur mit ihrem Belastungsgewicht hierbei einen gewissen Weg zurücklegt, löst sie eine Lärmvorrichtung aus, die den Arbeiter herbeiruft. Dieser hat dann die Stauung im oberen Behälter zu zerstören. Der in b noch vorhandene Vorrat muß genügen, um die Zuteilvorrichtung ununterbrochen weiter arbeiten zu lassen.

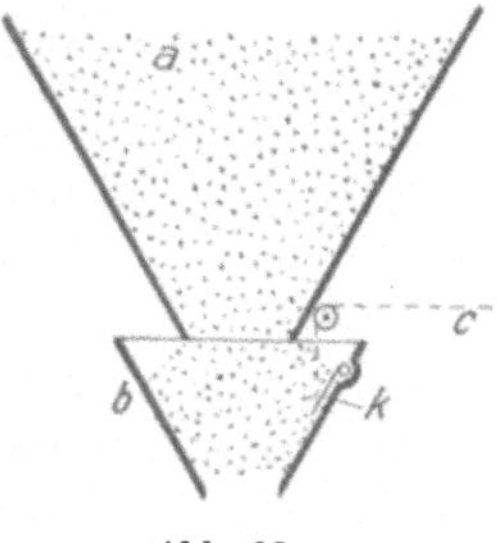

Abb. 92.

Die Rührwerkzeuge sind nicht so erfolgreich, als man zunächst annehmen sollte, und zwar weil man nicht imstande ist, größere Mengen sich ballenden Arbeitsgutes in Bewegung zu erhalten. Das würde zu viel Kraft erfordern. Man hat durch die ganze Höhe des Behälters oder Speichers eine endlose Kette oder eine stehende Welle mit kurzen Rührarmen gehen lassen, die fortwährend bewegt bzw. gedreht wurde, aber die Erfahrung machen müssen — bei Getreidemehl —, daß bei feuchtem Wetter diese Dinge zwar ihre Bahn freihielten, aber darüber hinaus unwirksam waren. Die Behälter nur an ihrem unteren Ende durch Rührwerke freizuhalten, ist ziemlich zwecklos, da über dieser Stelle unter geeigneten Um-

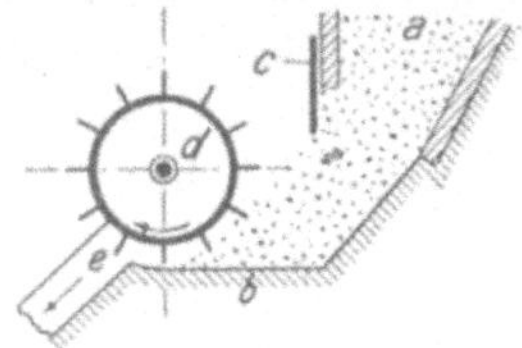

Abb. 93.

ständen sich die Stauung auszubilden vermag. Bei geringerer Speicherhöhe kann allerdings durch das Rühren im unteren Ende des Behälters der Zusammenbruch der darüber eintretenden Stauung herbeigeführt werden, weshalb bei Stoffen, die besonders zum Backen geneigt sind, nicht selten niedrige, häufiger zu beschickende Vorratsbehälter vorgezogen werden. Das führt zuletzt zu der durch Abb. 90 veranschaulichten Anordnung kleinerer Behälter unter dem eigentlichen Speicher, wobei das Beschicken bei günstigen Umständen selbsttätig geschieht, bei eintretenden Stauungen im Hauptbehälter nur das Zerstören dieser Stauung durch Handwerkzeuge nötig wird.

Zu den eigentlichen Zuteilvorrichtungen übergehend, nenne ich zuerst:

a) Zuteilvorrichtungen, welche eine unveränderliche Böschungsbildung des Arbeitsgutes voraussetzen. Mir sind zwei hierher gehörige Ausführungsformen bekannt. Abb. 93 stellt die eine davon in lotrechtem Schnitt dar[1].

---

[1] Vgl. auch D. R. P. Nr. 101 568 von *Paul Ehmke*, Neustettin.

a ist eine am Vorratsbehälter sitzende Röhre, welche das Arbeitsgut heranführt, *b* ein Boden, welcher tiefer liegt als der untere Rand der Röhre *a*, *c* ein an der Röhre verstellbarer Schieber. Fällt durch *a* Arbeitsgut ein, so bildet es einen, vom unteren Rande des Schiebers *c* ausgehende Böschung. Ein Flügelrädchen *d* schneidet etwas von der Böschung ab und wirft es in die Gosse *e*. Die Böschung bildet sich aufs neue, so daß der nächste Flügel des Rädchens *d* eine gleiche Menge abschneidet usw. Man kann die in die Gosse *e* gelangende Menge durch Einstellen des Schiebers *c*, wodurch die Böschung sich ändert, oder durch Änderung der Geschwindigkeit des Rädchens *d* regeln.[1] Diese Einrichtung setzt voraus, daß die Böschung stets den gleichen Neigungswinkel annimmt und erneuert. Das kommt aber mit einiger Genauigkeit nur unter besonders günstigen Umständen vor. Abb. 94 ist ein lotrechter Schnitt und ein Grundriß einer besseren Ausführungsweise. Die Röhre *a* führt das Arbeitsgut auf den Teller *b* hinab. Auf das untere Ende der Röhre ist das verschiebbare Röhrenstück *c* gesteckt, so daß der Abstand des unteren Randes dieses Röhrenstückes von dem Teller *b* beliebig eingestellt werden kann. Das Arbeitsgut bildet auf dem Teller eine von dem unteren Rande des röhrenförmigen Schiebers *c* ausgehende kegelförmige Böschung. Nun dreht sich der Teller *b* um

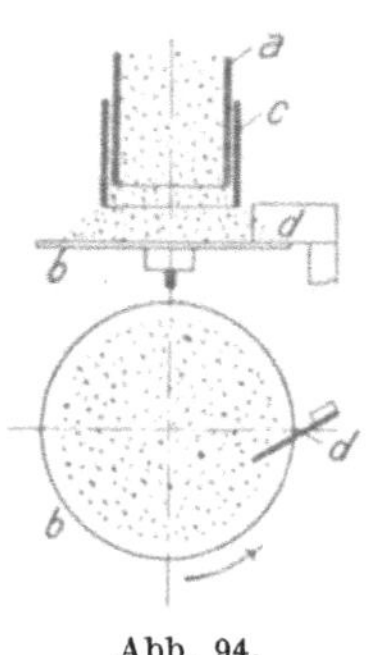

Abb. 94.

seine lotrechte Achse. Wenn daher ein einstellbarer Abstreifer *a* in das Bereich der Böschung kommt, so schneidet er von ihr einen Teil ab und drängt ihn über den Rand des Tellers hinaus. Die Böschung hat dann Zeit, die alte Gestalt wieder zu gewinnen. Gelingt das, so räumt der Abstreicher für jede Tellerdrehung gleiche Mengen ab. Der Umstand, daß der Teller *b* gegenüber der Röhre *a* und deren Inhalt sich dreht, begünstigt die Wiederbildung der Böschung, da hierdurch gegensätzliche Verschiebungen in dem Arbeitsgut hervorgebracht werden, welche der geringen Schwerkraft Gelegenheit bieten, sich geltend zu machen[2]. Es sei noch bemerkt, daß man die Spindel des Tellers *b* zuweilen nach oben verlängert und hier mit Rührfingern versieht, um das Ballen des Arbeitsgutes zu verhindern[3].

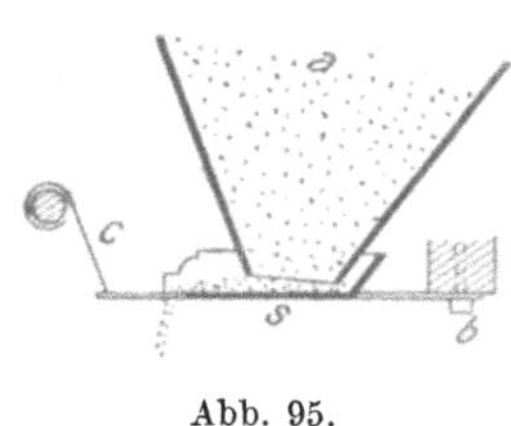

Abb. 95.

b) Zuteilvorrichtungen, die auf dem Zerstören von Böschungen beruhen. Sie werden häufiger verwendet als die vorigen.

Abb. 95 ist ein lotrechter Schnitt des sogenannten Rüttelschuhes. Unter der Mündung des Trichters *a* befindet sich der Schuh *s*, der aus der Sohle und drei Seitenwänden besteht; er ist beweglich und nachstellbar aufgehängt, z. B. durch einen Bolzen *b* und einen Riemen *c*, und wird durch Schlagrad und Feder in wagerechter Richtung gerüttelt. Die Zahl der minut-

---

[1] Vgl. *Alwin Nachtweh:* Düngerstreumaschinen. Frauenfeld 1900, S. 11.

[2] Vgl. *Herm. Fischer:* Allg. Grundsätze und Mittel des mechanischen Aufbereitens. Leipzig 1888, S. 148.

[3] Vgl. D. R. P. 213 122.

lich hervorgebrachten Erschütterungen schwankt zwischen 60 und 180. Sie zerstören die vom unteren Rande des Trichters a ausgehende Böschung und lassen das sich ausbreitende Arbeitsgut auf der geneigten Sohle des Rüttelschuhes allmählich der Abfallstelle zurutschen. Durch Anziehen der Riemen c wird der Spalt zwischen Trichter und Schuh verkleinert und gleichzeitig die Neigung des Schuhes verflacht, durch Nachlassen der Riemen das Gegenteil hervorgebracht, so daß reichliche Regelungsmittel zur Verfügung stehen.

Es ist aber noch ein anderer Umstand vorhanden, welcher den Rüttelschuh für manche Fälle wertvoll macht. Wenn der Trichter a nicht zu groß ist, so erfährt er durch Vermittlung des Schuhes ebenfalls Erschütterungen, die imstande sind, Stauungen zu zerstören oder gar nicht aufkommen zu lassen. Es ist daher der Rüttelschuh in dem Aufbau, welchen Abb. 95, S. 62, versinnlicht, brauchbar für leicht backende Stoffe. Diese angenehme Eigenschaft beruht leider auf den unbeliebten Erschütterungen.

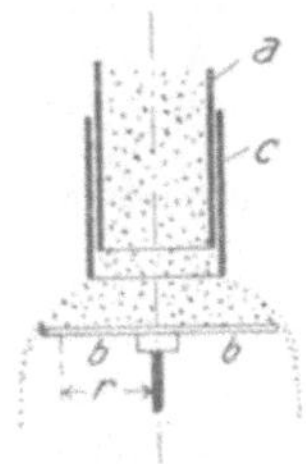

Abb. 96.

Eine hierhergehörige, von Erschütterungen freie Zuteilvorrichtung ist der *Conty*sche Streuteller[1], welchen Abb. 96 darstellt.

Die Röhre a sitzt an dem höher belegenen Vorratsbehälter, ist unten von einem lotrecht verschiebbaren und einstellbaren Ring c umgeben und unten durch einen kreisenden Teller b abgeschlossen. Wenn b sich nicht dreht, so bildet eine vom unteren Rande des Ringes c ausgehende Böschung den Abschluß. Dreht sich aber b, so wird die Böschung mehr und mehr verflacht, so daß ihr Fuß über den Rand des Tellers hinweggeht, d. h. das Äußerste des Böschungsfußes über den Rand von b in Gestalt eines glockenförmigen Schleiers hinwegfällt. Man findet sehr langsam sich drehende Streuteller, aber auch rasch kreisende, so daß die Schleuderkraft des sich mitdrehenden Arbeitsgutes dessen Hinwegbewegen fördert. Das tritt mit einiger Lebhaftigkeit ein, wenn:

$$\frac{m \cdot v^2}{r} \geqq m\,g \cdot f$$

wird, in welchem Ausdruck

m die Masse des Teilchens,

v seine sekundliche Geschwindigkeit in Metern, auf dem Umfange des
r Meter großen Halbmessers,

g die bekannte Zahl 9,81 und

f die Reibungswertziffer des Arbeitsgutes auf dem Teller bezeichnen.

Nennt man die minutliche Drehungszahl n und nimmt man f zu 0,3 an, so entsteht aus obigem Ausdruck:

$$n \geqq \frac{17}{\sqrt{r}}\,.$$

Sobald n diesen Wert erreicht oder überschreitet, so bewegt sich das betreffende Teilchen unabhängig von der Böschung nach außen mehr und

---

[1] Dinglers Polytechn. Journ. Bd. 52, S. 336, 1834, m. Abb.

mehr in der Halbmesserrichtung des Streutellers an Geschwindigkeit zunehmend, und fällt, sobald es den Tellerrand überschritten hat, in parabelförmigen Bogen nach unten. Das muß zuweilen beachtet werden.

Um Stauungen in der Röhre a zu vermeiden oder Klümpchen zu zerstören, wird die Streutellerspindel zuweilen nach oben verlängert und mit Rührfingern versehen.

Bei dem Rüttelschuh, Abb. 95, findet man häufig die zu Abb. 92 beschriebene Vorrichtung, welche bevorstehenden Mangel an Arbeitsgut rechtzeitig meldet, bei dem *Conty*schen Aufschütter, Abb. 96, bringt man in der Röhre a oft ein Glasfenster an, oder macht diese Röhre zum Teil ganz aus Glas, um beobachten zu können, ob das Arbeitsgut regelrecht folgt oder nicht.

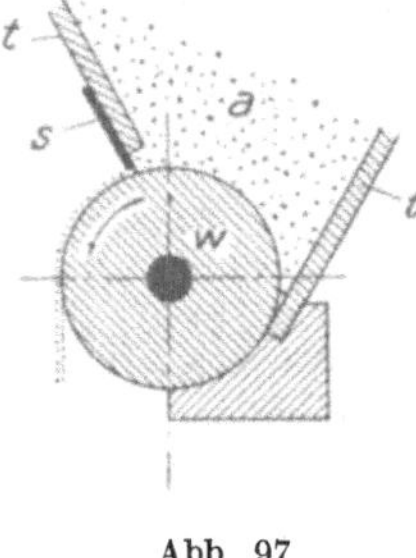

Abb. 97.

c) Zuteilvorrichtungen, welche auf dem Abschieben einer Schicht des Arbeitsgutes beruhen.

In dem unteren Ende eines Trichters t, Abb. 97, ist eine Walze w drehbar gelagert. Ruht diese Walze, so kann von dem Inhalt a des Trichters nichts nach außen gelangen; dreht sich aber die Walze in der Richtung des eingezeichneten Pfeiles, so wird vermöge Reibung der Walzenoberfläche gegenüber dem Arbeitsgut das letztere mitgenommen. Es kann aber nur die Schichtdicke nach außen gelangen, welche dem Abstand des Schiebers s von der Walzenoberfläche entspricht. In dem Spalt zwischen Schieberunterkante und Walzenoberfläche hat die nach außen bewegte Schicht des Arbeitsgutes verschiedene Geschwindigkeit. Während die Schicht an ihrer unteren Fläche, da, wo sie die Walzenfläche berührt, nahezu die gleiche Geschwindigkeit wie die Walzenfläche besitzt, wird ihre Geschwindigkeit nahe an der Schieberkante fast gleich Null sein. Nachdem die Schicht an der unteren Kante des Schiebers vorüber ist, nimmt sie bald die Geschwindigkeit einer mit der Walze festverbundenen Schicht an, das heißt, es wird die Schichtdicke hier viel dünner als sie in dem zwischen

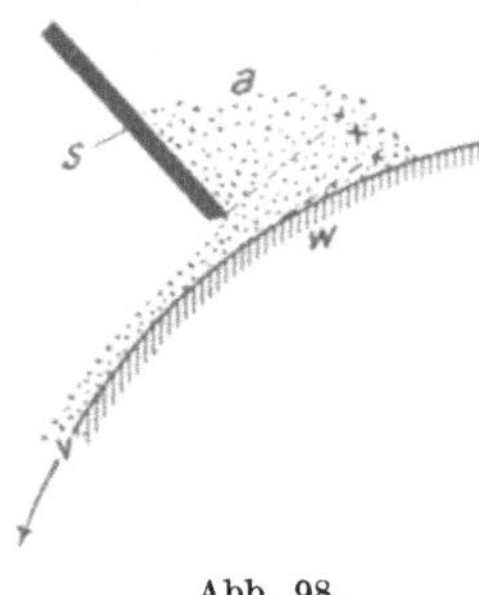

Abb. 98.

Schieber und Walze befindlichen Spalt war. Abb. 98 versinnlicht das in größerem Maßstabe. Wenn die Spaltweite überall gleich ist, so fällt auch die herausgeförderte Schichtdicke überall gleich aus. Nur in der Nähe der Schmalseiten des Spaltes treten Hemmnisse auf, welche eine gewisse Minderung der schließlichen Schichtdicke zur Folge haben.

Die nach außen beförderte Menge des Arbeitsgutes läßt sich sowohl durch Einstellen des Schiebers s als auch durch Ändern der Walzengeschwindigkeit regeln.

Es ist vorgeschlagen[1], um Stauungen zu verhüten, in Nuten der Walze

---

[1] D. R. P. Nr. 22 379.

greifende Federn anzubringen, welche im Trichter ihre Drehpunkte haben, so daß sie sich in dem Arbeitsgut hin und her bewegen. Andere, außerhalb des Trichters angebrachte, aber auch in die Nuten greifende Federn sollen die Nuten reinigen.

Man versieht auch die Walzenoberfläche mit geraden oder schraubenförmig verlaufenden Riefen, um die Leistungsfähigkeit der Einrichtung zu steigern.

Statt der Walzenfläche kann unter dem Trichter eine ebene Fläche hindurchgeführt werden. In Abb. 99 bezeichnet wieder t den Trichter, s den einstellbaren Schieber und w die in der Pfeilrichtung bewegte Stützfläche. Solange w ruht, solange hindern an dem unteren Rande des Trichters entstehende Böschungen das Ausfließen des Arbeitsgutes; sobald w sich zu bewegen beginnt, verschwindet die Böschung links in der Abbildung, und eine Schicht des Arbeitsgutes, dessen Dicke von der Stellung des Schiebers s abhängig ist, beteiligt sich an der Fortbewegung der Fläche w.

w ist nun ein über Walzen gespanntes endloses Band oder eine größere tellerartige Scheibe, deren Drehachse seitwärts vom Trichter liegt. In beiden Fällen lassen sich mehrere Trichter nebeneinander anbringen, so daß die Zuteilvorrichtung gleichzeitig den Zufluß mehrerer oder aller der zu mischenden Stoffe regelt, bei dem bandförmigen w durch einfaches Nebeneinanderlegen der einzelnen Zuteilvorrichtungen, so daß die zu mischenden Stoffe streifenartig nebeneinander zu liegen kommen. Verwendet man für w eine kreisende Scheibe, so werden die Zuteilvorrichtungen um deren Mitte herum verteilt, und hinter jeder wird ein Ausstreicher angebracht, welcher die benutzte Scheibenfläche für neue Benutzung wieder freimacht[1].

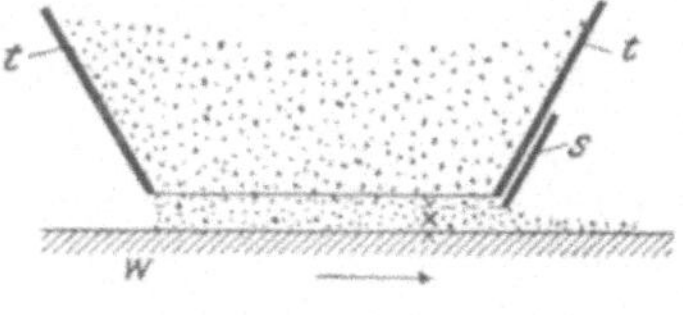

Abb. 99.

Während bei den unter a) und b) beschriebenen Zuteilvorrichtungen für eine rechnerische Behandlung jede Unterlage fehlt, bieten die unter c) aufgeführten Anhalte, welche rechnerisches Feststellen der Abmessungen ermöglichen. Es heiße die Spaltweite x in Zentimeter, Abb. 98 und 99, die Spaltbreite b in Zentimeter, die Oberflächengeschwindigkeit v in Metersek. und die sekundlich zugeteilte Menge des Arbeitsgutes L in Liter, so darf man — nach S. 64 gegebenen Erörterungen — annehmen, daß die mittlere Geschwindigkeit im Spalt gleich $\dfrac{v}{2}$ ist, also:

$$\dot{L} = \frac{v}{2} \cdot x \cdot b \text{ ist.}$$

Der so gewonnene Wert ist nicht genau, insbesondere dann nicht, wenn man die in der Zeiteinheit zugeteilte Gewichtsmenge bestimmen will. Allein, das Raummessen ist überhaupt ein sehr unsicheres Verfahren für die Be-

---

[1] Vgl. *Warth*: D. R. P. Nr. 36 039.

stimmung der Gewichtsmenge. Will man diese genauer kennenlernen, so muß man wägen. Der Zweck der soeben angegebenen Gleichung ist: die Maße v, x, b bestimmen zu können, wenn L gegeben ist. Durch Einstellen der Spaltweite x oder Anpassen der Geschwindigkeit v ist dann das tatsächliche Ergebnis zu berichtigen.

d) Zuteilvorrichtungen, welche mit Gemäßen arbeiten.

Das Messen mittels Gemäße bedingt das Aufeinanderfolgen des Füllens und Entleerens, kann also nicht stetig verlaufen. Genau genommen gehören die hier beschriebenen Zuteilvorrichtungen in den Abschnitt C, welcher das periodische Zuteilen behandelt. Es dürfte aber zulässig sein, sie für stetiges Zuteilen zu verwenden, wenn die Gemäßgröße gering, dafür die Zahl der in der Zeiteinheit vorgenommenen Gemäßfüllungen und Entleerungen groß ist, also auch gestattet sein, derartige Zuteilvorrichtungen am vorliegenden Orte zu beschreiben. Aus der engen Folge der Gemäßentleerungen ergibt sich

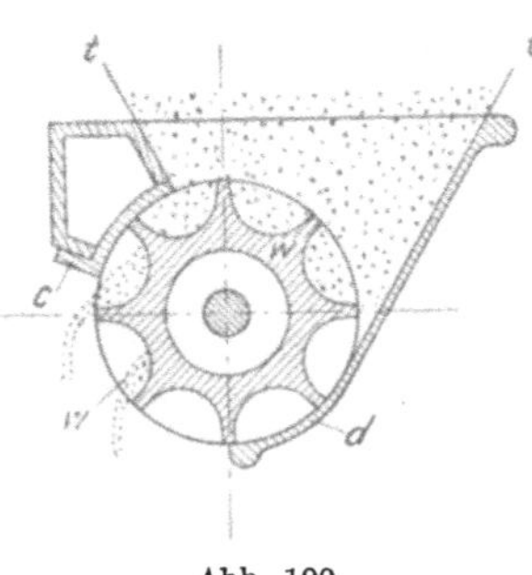

Abb. 100.

fast von selbst die Anordnung mehrerer Gemäße an einer kreisenden Welle. Abb. 100 zeigt ein mit Abb. 91 und 97 verwandtes Ausführungsbeispiel im Schnitt. t bezeichnet den unteren, trichterförmigen Teil des Vorratsbehälters, w die Meßwalze, c ein Abschlußstück und d den unteren Abschluß der Trichtermündung. Der Bogen, innerhalb welchem die Gemäße mit dem Behälterinnern in freier Verbindung stehen, um das Arbeitsgut aufzunehmen, soll nicht knapp bemessen sein, um für die Gemäßfüllung genügende Zeit zu gewähren, und die Gemäßgestalt soll das vollständige Füllen möglichst erleichtern. Über den Gemäßen bilden sich unregelmäßige Haufen, die von dem Abschlußstück c zurückgehalten werden. Es ist nun die Frage, ob man dieses Abschlußstück hart an die Gemäßwalze legen oder einen Spielraum lassen soll. Ersteres unterstützt zweifellos die Gleichartigkeit des Messens und ist deshalb für feinkörniges, mehlartiges Arbeitsgut zu empfehlen. Bei grobkörnigem Arbeitsgut können sich jedoch einige Körner so legen, daß sie etwa zur Hälfte über den Rand der Gemäßwand herausragen. Fehlt jeder Spielraum, so werden diese Körner durchschnitten, was man bei Säemaschinen vermeiden will. In solchen Fällen wendet man einen Spielraum an oder rundet die Vorderkante des Abstreichers ab — wie bei dem beim gewöhnlichen Getreidemessen gebräuchlichen Abstreicher[1] —, so daß sie die vorstehenden Körner eindrückt. Es ist auch vorgeschlagen worden, c elastisch nachgiebig zu machen, vielleicht mit einem die Gemäßwalze berührenden Gummistreifen zu versehen. Jedenfalls unterliegt dieser Abschluß erheblicher Abnutzung, weshalb man ihn auswechselbar zu machen pflegt. Es soll keines der Gemäße gleichzeitig nach dem Behälter und dem Freien hin offen sein, weshalb sich dem Ab-

---

[1] Vgl. *Herm. Fischer*: Allg. Grundsätze und Mittel des mechanischen Aufbereitens. Leipzig 1888, S. 54.

schlußstück *c* eine mindestens eine Gemäßbreite umschließende Klappe anfügt, die an ihm festsitzt oder am Gestell ausgebildet ist.

Man kann die Menge des abzuliefernden Arbeitsgutes durch Ändern der Walzengeschwindigkeit regeln. Dieses Regeln ist aber dadurch beschränkt, daß jedenfalls genügende Zeit für das Füllen — und auch das Entleeren — der Gemäße geboten werden muß, also die Steigerung der Geschwindigkeit begrenzt ist. (Allgemein ist die oberste Grenze für die zulässige Geschwindigkeit nicht zu nennen, da das eine Arbeitsgut mehr, das andere weniger Zeit für das Eintreten in die Gemäße und das demnächste Herausfallen gebraucht.) So baut man denn auch Zuteilvorrichtungen, deren Gemäße verkleinert oder vergrößert werden können.

Die Änderung der Gemäßgröße kann geschehen durch eingelegte, geeignet befestigte Klötzchen, welche die Länge der Gemäße mehr oder weniger mindern. Das ist ein umständliches, zeitraubendes Verfahren. Rascher zum Ziel führt gegensätzliches Verschieben der Gemäßendwände. Abb. 101 ist rechts zur Hälfte der Längsschnitt, zur anderen Hälfte die Ansicht und links ein Querschnitt einer dementsprechend eingerichteten Gemäßwalze *w*. Sie sitzt

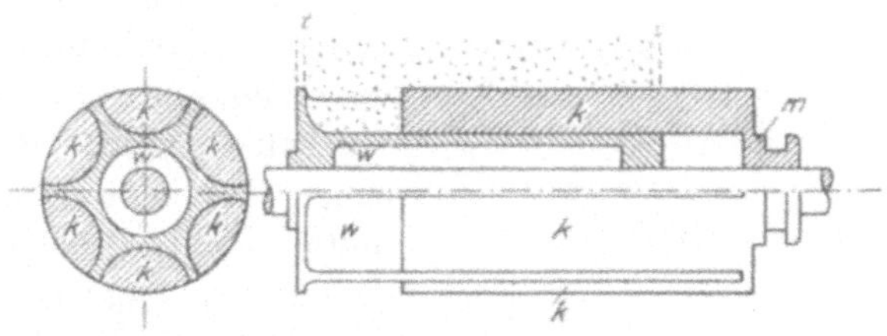

Abb. 101.

auf ihrer Welle fest. Die Gemäße sind nur an einer Endseite — der linken — geschlossen, während die entgegengesetzte Schmalseite durch das Ende je eines Klötzchens *k* gebildet ist. Die Klötzchen *k* sitzen mit ihren anderen Enden an einer Scheibe mit Muffe *m*, die verschoben wird, um die Gemäße größer oder kleiner zu machen.

Eine andere, meiner Ansicht nach weniger brauchbare Gemäßwalze[1] wird durch die Wand des sie verhüllenden Kastens mehr oder weniger verschoben, um die Länge der Gemäße zu ändern. Es fehlt diesen Gemäßen die eine Endwand, so daß das Arbeitsgut hier herausfallen kann.

Hierher gehören auch die von *Hoosier*[2] erfundenen amerikanischen sogenannten Schubräder[3].

Zu den mit Gemäßen arbeitenden Zuteilvorrichtungen gehören auch die, welche mit Schöpfrädchen versehen sind. Diese Rädchen waten in der durch einen Schieber zu regelnden Böschung des Arbeitsgutes (vgl. S. 61), entnehmen von diesem — je nach der Höhenlage der Böschung — mehr oder weniger und tragen es zur Abwurfstelle[4]. Die Regelung der zugeführten

---

[1] Zeitschr. d. Ver. deutsch Ing. 1885, S. 859, m. Abb.

[2] *Emil Perels:* Handbuch des landw. Maschinenwesens. Jena 1880, 2. Bd., S. 28.

[3] *Gustav Fischer:* „Versuche an Drillmaschinen-Schubrädern" in der Zeitschr. „Die Technik in der Landwirtschaft", Berlin 1920, 2. Jahrg., Heft 1, S. 1.

[4] Zeitschr. d. Ver. deutsch. Ing. 1885, S. 860, m. Abb.

Menge geschieht bei diesen Schöpfrädchen vorwiegend durch Ändern der Umdrehungszahlen der Rädchen.

e) Es ist auch vorgeschlagen, die Zuteilung von Mehl durch Schrauben, und zwar solche mit lotrechter Drehachse[1] zu bewirken. Um die zugeteilten Mengen zu regeln, soll die Drehungsgeschwindigkeit der Schrauben geändert werden.

f) Zuteilvorrichtungen, welche das Arbeitsgut über Öffnungen regelbarer Weite hinwegschieben.

Ich kenne von hierhergehörenden nur die Zuteilvorrichtung von *Reid*[2] sowie die von *Reeve*[3] und weiß nicht, ob sie jemals für Mischzwecke angewendet worden sind. Der Schnitt, Abb. 102, läßt das Wesentliche der *Reid*schen Vorrichtung erkennen[4].

In einem längeren Trog — es handelt sich um eine Breitsäemaschine — ist eine mit gebogenen Scheiben *s* behaftete Welle *w* drehbar gelagert. Unter

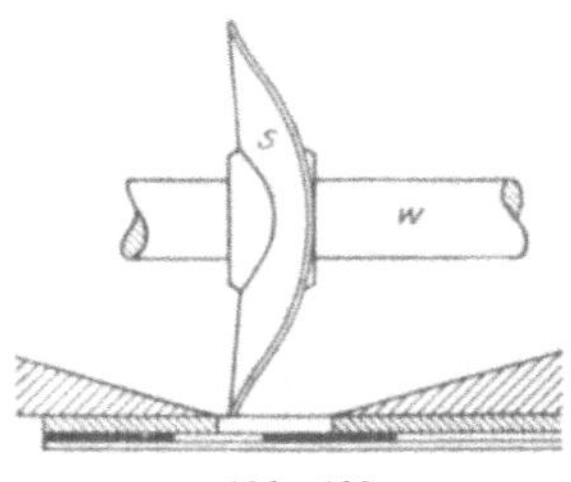
Abb. 102.

jeder Scheibe ist der Boden des Troges mit einem durch aufgeschraubten Blechring gesicherten Loch versehen, und unter diesem Blechring befindet sich ein Schieber mit gleichen Löchern, so daß in der einen Endlage des Schiebers dessen Löcher gerade unter den Löchern des Trogbodens liegen, in der anderen Endlage der Schieber sämtliche Löcher des Trogbodens schließt. Während die Scheiben *s* sich drehen, schieben sie die Getreidekörner über den zugehörigen Löchern des Trogbodens hin und her, wobei — je nach Stellung des Schiebers — mehr oder weniger Arbeitsgut durch die Löcher fällt.

Die Einrichtung ist — da die Scheiben *s*, insbesondere mit ihrer oberen Hälfte, fortwährend in dem Arbeitsgut rühren — namentlich für backende Stoffe geeignet, vermag aber schwerlich angenähert gleichmäßiges Zuteilen zu bewirken, da die Menge des Herausfallenden von Nebenumständen abhängig ist, die kaum geregelt werden können. Gleiches gilt von *Reeves* Einrichtung, bei welcher Flügel einer Walze das Arbeitsgut über ähnliche Löcher verschieben.

Der Gedanke, das Arbeitsgut durch Hinüberschieben über Löcher zuzuteilen, ist übrigens auch für Mischzwecke alt. *Luke Hebert* verwendete[5] für seine stetig arbeitende Brotteigbereitungsmaschine — vgl. die später folgende Abb. 108 — für das Zuteilen des Mehles ein Sieb, welches durch ein Schlagrad geschüttelt wurde, so daß das Mehl über die Sieböffnungen hinweg rutschte und so Gelegenheit fand, hindurch zu fallen. Die Weite der Öffnungen war unveränderlich, und das Regeln fand — so nehme ich an — durch Regeln der Schüttelung statt.

[1] *J. Finke:* D. R. P. Nr. 24 997 vom 16. Juni 1883.
[2] Zeitschr. d. Ver. deutsch. Ing. 1885, S. 858, m. Abb.
[3] London Journal of Arts and Science **2**, 231, 1855, m. Abb.
[4] *Emil Perels:* Handbuch d. landwirtsch. Maschinenwesens, Jena 1880, 2. Bd., S. 31.
[5] Engl. Patent Nr. 6370 vom 24. Juli 1833.

Schlußwort. Aus den gegebenen Darlegungen ergibt sich die Unfähigkeit sämtlicher Zuteilvorrichtungen, ohne weiteres die Stoffe nach bestimmten Gewichtsmengen abzugeben. Es ist vielmehr nötig, sie auf Grund von Beobachtungen einzustellen. Das kann geschehen, indem man nach einstweiligem Einstellen die in gewisser Zeit gelieferte Menge wägt, hiernach die Einstellung berichtigt und das wiederholt, bis die geeignete Einstellung gewonnen ist, oder indem man das durch Zusammenführen gewonnene Gemisch prüft. Das letztere Verfahren wird man zweckmäßig von Zeit zu Zeit — während des Betriebes — wiederholen, um sich bestimmt zusammengesetztes Gemisch zu sichern. Gemische, deren Zusammensetzung sehr genau innegehalten werden müssen, wird man mit den gegenwärtig bekannten Mitteln nur durch postenweises Mischen gewinnen können.

Vielleicht wird das anders, wenn das folgende Zuteilverfahren besser durchgebildet sein wird, weil es das Zuwägen gestattet.

C. Gruppenweises oder periodisches Zuteilen.

Es dienen ihm bisher vorwiegend Handwerkzeuge. Beispielsweise findet das Beschicken der Tonmischmaschinen meistens durch Schaufeln statt, indem, immer in derselben Reihenfolge, von der einen Tonart eine oder mehrere Schaufelfüllungen, dann von der anderen Tonart und endlich vom Sande eingeworfen werden. Das Zuteilen des erforderlichen Wassers wird durch Einstellen des betreffenden Wasserhahnes geregelt.

Das Mengenverhältnis der einzelnen Stoffe im Gemisch wird besser gesichert durch besseres Messen bei dem Zuteilen. Man benutzt Gemäße, welche meistens handliche Kasten sind, oft aber dienen die Kasten der Wagen, mittels welcher die Stoffe herangeschafft werden, gleichzeitig als Gemäße.

Solche Meßkasten findet man beim Mischen des Mörtels, insbesondere des Betonmörtels, beim Beschicken mancherlei Öfen usw. im Gebrauch, und zwar dann, wenn genauere Zusammensetzung der Gemische, als Schaufelfüllungen gewähren, verlangt wird, aber die durch solche Meßkasten gebotene Genauigkeit den vorliegenden Zwecken genügt.

Es könnte in Frage kommen, diese Meßkasten mechanisch zu betätigen, um die der Handbetätigung anhaftenden Fehlerquellen auszuschalten. Es sind mir derartige Zusammenstellungen — mit Ausnahme der bereits (S. 66) erledigten Gefäßwalzen — nicht bekannt.

Das Messen durch Wägen und das damit verbundene gruppenweise Zuteilen gewährt die Möglichkeit genaueren Zuteilens; es ist aber zeitraubender und umständlicher. Man findet es, trotz der Umständlichkeit, nicht selten, und zwar indem die Wägeeinrichtungen den zum Heranschaffen der einzelnen Stoffe dienenden Fördermitteln eingeschaltet sind. Z. B. sind die zu mischenden Stoffe in Gefäßspeichern (Silos) bereitgehalten, unter denen sich sogenannte selbsttätige Wägeeinrichtungen befinden. Die hier gefüllten Fördergefäße oder Säcke werden mittels zweckmäßig durchgebildeter Fuhrwerke, Kräne, Hebewerke oder Bänder und dgl. der Mischvorrichtung oder Mischmaschine zugeführt.

Die Bedienung solcher Einrichtungen wird um so schwieriger, je zahlreicher die in der Zeiteinheit zu behandelnden einzelnen Perioden, demnach:
je kleiner die einzelnen Posten sind. Diese sollen aber (vgl. S. 54, 55) zugunsten
guten Mischens möglichst klein sein. Man wird deshalb im Einzelfalle entscheiden müssen, ob größere Umständlichkeit oder unvollkommeneres Gemisch als das kleinere Übel angesehen werden muß. Hierbei kommt noch in
Betracht, daß die aus gröberen Perioden entstammenden Fehler zum Teil
durch das folgende eigentliche Mischen verdeckt werden können, wenn hierbei
mehrere Perioden in demselben Raum gleichzeitig behandelt werden.

D. Eigentliches Mischen.

Es wurde schon erwähnt (S. 54), daß man durch stetiges Zuteilen gewissermaßen einen Strom schaffe, in welchem jeder Querschnitt die einzelnen
Stoffe in dem beabsichtigten Mengenverhältnis enthält. Um auf Grund eines
solchen Stromes ein gleichförmiges Gemisch zu erzeugen, sind nur Querverschiebungen erforderlich. Wenn aber das Zuteilen in Perioden stattgefunden hat, so sind außerdem Verschiebungen in der Längenrichtung des
Stromes erforderlich, die sich mindestens je über eine ganze Periode erstrecken
(S. 55). Man erkennt sofort, daß im ersteren Falle, nach dem Zuteilen in
Gestalt nebeneinanderliegender stetiger Ströme, das eigentliche Mischen
leichter durchzuführen ist und mit Sicherheit gleichförmigere Gemische gewonnen werden als im letzteren Falle, welcher das gegensätzliche Verschieben
der Teilchen in jeder Richtung bedingt.

Die Mittel, welche dem eigentlichen Mischen dienen, das Arbeitsgut in
geeigneter Weise durcheinanderwerfen oder durcheinanderschieben, sind im
allgemeinen die gleichen wie beim postenweisen Mischen; sie·wurden S. 3 bis 7
im einzelnen erörtert. Sie treten aber beim stetigen Mischen oft in anderen
Formen auf, teils weil das Mischgut im stetigen Strom sich fortbewegen soll,
so daß die Mischmittel zuweilen gleichzeitig diese Strömung herbeizuführen
haben, oder sie benutzen, zuweilen aber auch mit Zerkleinerungsmitteln gepaart sind. Wegen dieses doppelten Zweckes der Einrichtungen ist die dem
Mischen dienende Seite nicht immer leicht zu erkennen und zu würdigen,
weshalb in dem folgenden an Beispielen die allgemeinen Angaben in ähnlicher
Reihenfolge wie bei dem postenweisen Mischen eingehender erörtert werden
sollen.

1. Dünnflüssige Gemische.

Abb. 103 ist der Schnitt einer Mischdüse von *Ernst Körting*[1], welche in
erster Linie bestimmt ist, Gase oder Dämpfe mit Wasser innig zu mischen,
die aber auch für andere Mischzwecke benutzt wird. a bezeichnet die Wasserdüse. Das aus dieser mit großer Geschwindigkeit fließende Wasser gelangt
in die ·größere Weite der Mischdüse b und ruft an dem ringförmigen Spalt
zwischen a und b sowie den zahlreichen Durchbohrungen der Mischdüse b
Saugwirkung hervor, welche das durch den Stutzen e eintretende Gas zum

---

[1] D. R. P. Nr. 26 738 vom 26. Sept. 1882.

Eintreten veranlaßt. Sie wird von der lebhaften Wasserströmung mitgerissen und dem Wasser beigemengt. Das sich allmählich erweiternde Röhrenstück d übersetzt einen Teil der Wassergeschwindigkeit in Druck, der die folgenden Widerstände überwinden läßt. Diese in der auf die Mischdüse folgenden Röhrenleitung auftretenden Widerstände hemmen einseitig und wirken weiter mischend (vgl. S. 2, 69), um den Zerfall des Gemisches zu verhüten.

Es sei daran erinnert, daß diese Mischdüse — in weniger vollkommener Gestalt — sich schon bei dem alten Wassertrommelgebläse vorfindet.

Man kann sie auch so verwenden, daß die treibende Flüssigkeit — Gas oder eine tropfbare Flüssigkeit — von der Seite eintritt und das im Innern der Mischdüse Befindliche mit sich reißt. So kann sie benützt werden, um von a eintretenden fein zerkleinerten Stoff mit der treibenden Flüssigkeit zu mischen. Es wird davon Gebrauch gemacht, z. B. bei den sogenannten Vormaischern, um das Malzschrot zunächst zu netzen. Das Mengenverhältnis der treibenden Flüssigkeit zu dem mitgerissenen trockenen Stoff ist schwer zu regeln. Das stört bei dem Vormaischen nicht, weil in der eigentlichen

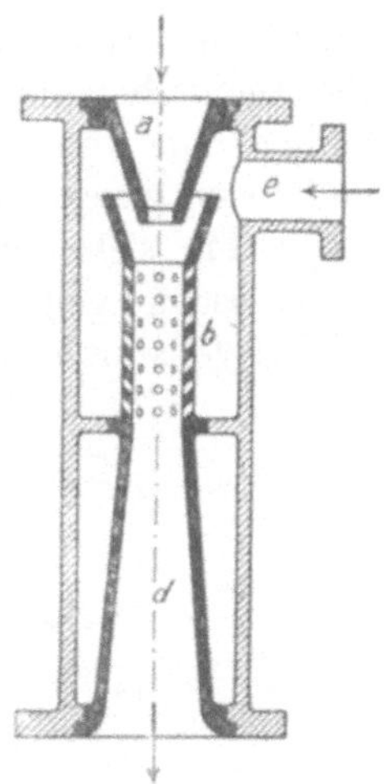

Abb. 103.

Maischmaschine das Mischungsverhältnis berichtigt werden kann.

Abb. 104 ist ein Schnitt des zu Abb. 35, S. 20, gehörenden Vormaischers. Durch a fällt das Malzschrot ein, durch e wird das Wasser eingeführt, und zwar in einem flachen Strahle, welcher schräg nach unten gerichtet ist. Die treibende Wirkung ist hier weniger gut ausgenützt als bei der durch Abb. 101 dargestellten Mischdüse; auch die Mischung dürfte unvollkommener sein. Es wird daher das Gut einer zweiten Mischung unterworfen. Unter der lotrechten, die Mischdüse vorstellenden Röhre, Abb. 104, liegt eine Trommel c, innerhalb welcher eine Welle mit Rührflügeln sich dreht. Die Rührflügel liegen schräg zu ihrer Drehungsebene und wirken deshalb nicht nur mischend, sondern

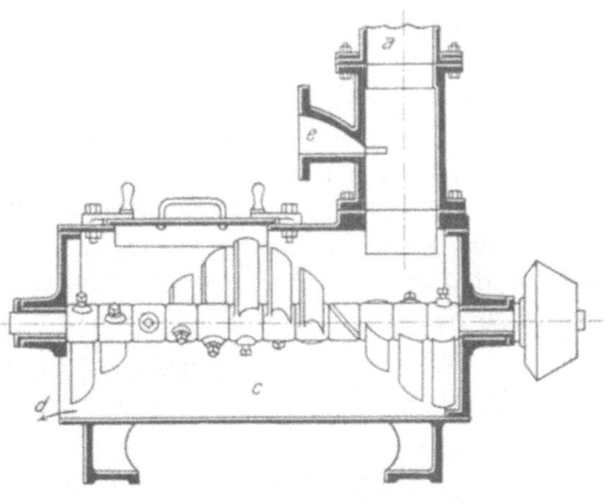

Abb. 104.

befördern auch das Gemisch durch die Austrittsöffnung bei d.

Kräftiges Ablenken des Stromes von seiner bisherigen Richtung verursacht Wirbelungen und wirkt daher auf seine Bestandteile mischend. So läßt sich das Zuteilen mit dem eigentlichen Mischen verbinden, indem man absichtlich solche Wirbelungen verursachende Widerstände einschaltet. Das geschieht z. B. bei den sogenannten Mischhähnen und Mischventilen. Der Mischhahn, welchen Abb. 105 im Schnitt darstellt, soll zwei Flüssigkeiten mischen, welche durch a bzw. b eintreten. Der Hahnkegel k enthält seitwärts zwei Eintrittsöffnungen, die vor a oder b gedreht werden können. Das Gemisch verläßt den Kegel k in dessen Achsenrichtung durch die Öffnung d. Die Abb. 105 zeigt den Kegel k in seiner mittleren Stellung; gegen a und b sind gleiche Durchflußquerschnitte frei. Dreht man k rechts herum, so vergrößert sich der gegen a belegene Durchflußquerschnitt in demselben Maße, wie der gegen b gerichtete kleiner wird, bis dieser abgeschlossen und der erstere vollständig frei wird. Die Summe der veränderlichen Durchflußquer-

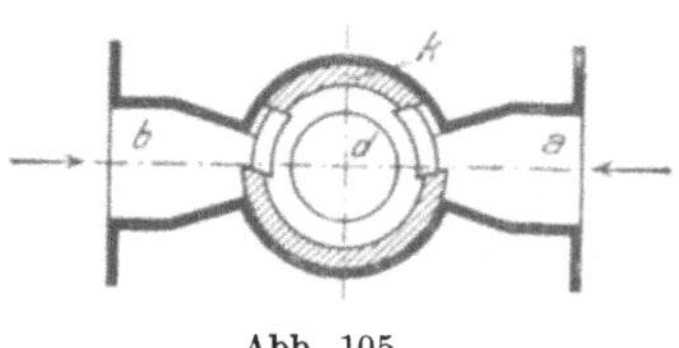

Abb. 105.

schnitte ändert sich dabei nicht, und es ändern sich Widerstände und Geschwindigkeiten nur wenig. Dreht man aber den Kegel noch weiter, so verkleinert sich auch der Durchflußquerschnitt der rechten Seite, bis auch der rechtsseitige Zufluß abgesperrt ist. Fast gleichen Verlauf liefert die Linksdrehung des Kegels; dies dient dem Zuteilen. Das eigentliche Mischen bewirken die Wirbel, welche beim Eintritt in den Kegel und der rechtwinkligen Ablenkung des Stromes entstehen. Man verwendet solche Mischhähne, um aus kaltem und heißem Wasser einen Strom warmen Wassers bestimmter Temperatur herzustellen. Auch Ventile und Schieber werden in gleichem Sinne zu demselben Zweck, oder um bei Heizungen und Lüftungen durch Mischen kalter und stark erwärmter Luft eine gewisse mittlere Temperatur zu gewinnen.

Zum Durcheinanderwerfen stetiger Flüssigkeitsströme benutzt man zuweilen einfache Störungen ihres Laufes. Es genügt nicht selten ein entgegengehaltener Besen oder ein Gitterwerk in geeigneter Erweiterung der Leitung. Durchgreifend wirken Schleuderpumpen (Zentrifugalpumpen), von denen zuweilen mehrere hintereinandergeschaltet sind, um recht gründliches Mischen zu erzielen. Sie werden insbesondere dann verwendet, wenn das Gemisch in einiger Höhe abgeliefert, aufgespeichert oder weiter bearbeitet werden soll, so daß die Pumpen neben dem Mischen das Heben der Flüssigkeit zu bewirken haben.

2. Breiartige Gemische.

J. Cawderoy[1] schlug vor, den durch stetiges Zuteilen aus Mehl und Wasser gebildeten Strom über eine stark geneigte Fläche hinabfließen zu lassen und auf dieser geneigten Fläche, quer zur Stromrichtung, Rechen hin und her zu bewegen. Es scheint dieses Verfahren in der vorgeschlagenen Form nicht weiter verfolgt worden zu sein, doch erinnert eine in unten verzeichneter Quelle[2] beschriebene Maschine an jene ältere Einrichtung. Abb. 106 stellt

---

[1] Engl. Patent vom 14. Okt. 1831; Dinglers Polytechn. Journ. **46**, 131, 1832.
[2] *Engineering:* Jan./Juni 1868, S. 540, m. Abb.

diese von *Sorrel* angegebene Maischmaschine schematisch im Querschnitt dar. Das Malzschrot wird durch eine Speisevorrichtung bei *a* zugeteilt, nahe unter dieser befindet sich bei *b* der Wasserzufluß. Das vorläufige Gemisch stürzt in eine Trommel *c*, deren Quirl es durcheinanderwirft. Es gelangt dann durch einen Querkanal in die Trommel *d* und ebenso in die Trommel *e*, aus welcher es fertig gemischt bei *g* die Maschine verläßt. Bei *f* kann noch Wasser zugelassen werden. Die Stifte der in den Trommeln tätigen Quirle vertreten die Zinken des von *Cowderoy* vorgeschlagenen hin und her bewegten Rechens, arbeiten aber viel gründlicher, weil sie das Gemisch wiederholt behandeln, während sich dieses langsamer fortbewegt.

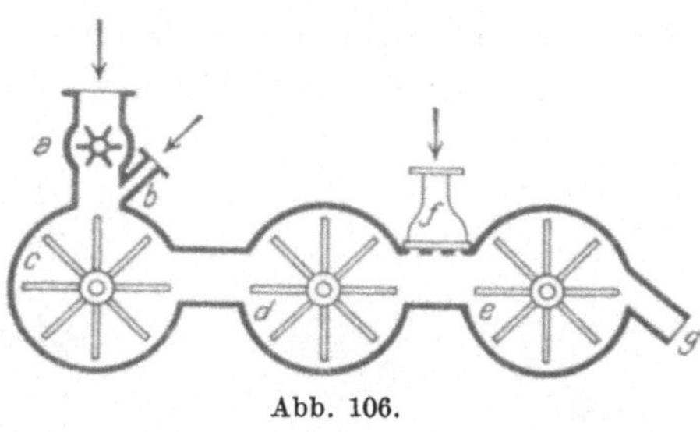

Abb. 106.

In wieder anderer Form findet man das Verfahren von *Couffinhal*[1] für das Mischen von Kohlenklein mit Pech zum Zweck der Kohlenziegel- (Brikett-) Fabrikation angewendet. Bei *c*, Abb. 107, wird das zu Mischende zugeteilt, wahrscheinlich gruppenweise (S. 67). Es gelangt dann auf einen Teller *a*, der sich langsam dreht (bei 4 m Tischdurchmesser minutlich 4 bis 5mal, bei 5,6 m

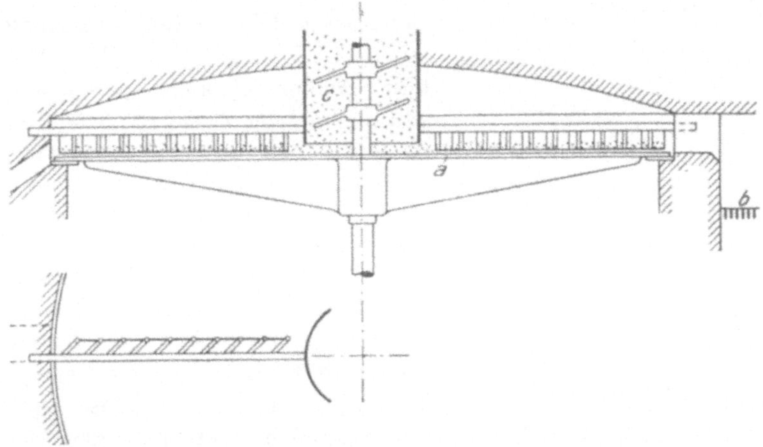

Abb. 107.

Tischdurchmesser minutlich $3^1/_2$ bis 4mal). Es wird hier auf etwa 95° erwärmt durch eine bei *b* befindliche Feuerung. Über dem Tisch befinden sich fünf feste Rechen mit Stiften, und ein Rechen mit platten Flügeln, die bis auf den Tisch *a* herabreichen, schräg zur Drehrichtung liegen und deren Schräglage verstellt werden kann. Dieser letztere Rechen fördert das Mischgut allmählich zum Rande des Tisches, wo es abfällt. Einstreicher sorgen dafür,

---

[1] D. R. P. Nr. 15 239; Dinglers Polytechn. Journ. Bd. 254, S. 246, 1884, m. Abb.

daß das Mischgut nur an bestimmter Stelle, wo ein Auffangtrichter sich vorfindet, den Tisch *a* verläßt. Alle sechs Rechen beteiligen sich an dem Umrühren des Mischgutes; der auch zum Befördern dienende Rechen arbeitet im Sinne der Abb. 12, S. 6.

Einen hervorragenden Platz unter den Einrichtungen zum stetigen Mischen breiartiger Stoffe nimmt der sogenannte Tonschneider ein, der aber zu den mannigfachsten Mischzwecken verwendet wird.

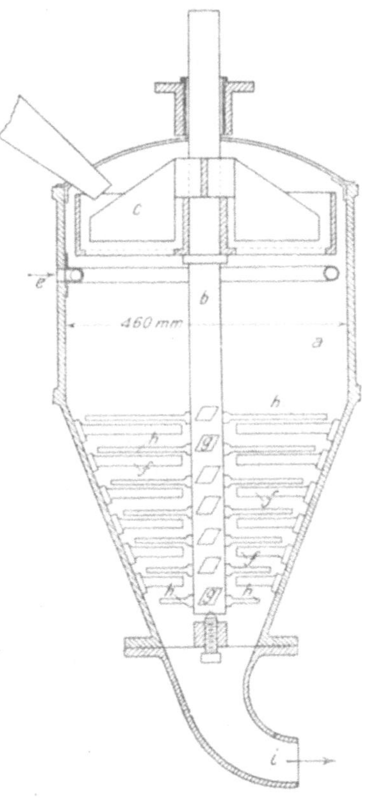

Als mir bekanntgewordene älteste Quelle für eine solche Maschine führe ich das *Hebert*sche Patent an[1].

Abb. 108 ist ein lotrechter Schnitt der Maschine, welche zum Mischen von Mehl mit Wasser behufs Bereitung von Brotteig bestimmt ist. Das Mehl wird oben eingeworfen und durch mit der Welle *b* verbundene Flügel *c* ausgebreitet. Es trifft ein Sieb, welches lose auf der stehenden Welle *b* steckt, durch ein — nicht gezeichnetes — Schlagwerk geschüttelt wird und dadurch das Zuteilen des Mehles bewirkt. Das Wasser fließt bei *e* in das Innere des Gehäuses *a*. Es wird durch eine ringförmige, mit feinen Bohrungen versehene Röhre verteilt. An der sich langsam drehenden Welle sitzen zahlreiche Arme *g* und Messer *h*. Die Arme *g* haben trapezförmigen Querschnitt, so daß sie nicht allein umrührend wirken, sondern auch das Mischgut nach unten zu drängen suchen. Um zu verhüten, daß das Mischgut sich mit der Welle *b*, den Armen *g* und Messern *h* dreht, sind in dem Gehäusemantel *a* zahlreiche Finger *f* befestigt, deren Querschnitt demjenigen der Arme *g* gleicht.

Abb. 108.

Der untere Teil des Gehäuses spitzt sich nach unten zu und endigt in einer krummen Röhre *i* für das Auswerfen. Letztere führt den Teig den — hier nicht gezeichneten — Formungseinrichtungen zu. Die Verjüngung des Gehäuses und die krumme Gestalt der Röhre *i* sollen dem Fortschreiten des Gemisches Hemmnisse bereiten, um die Mischwirkung der Arme *g* zu steigern.

Man macht jetzt die schrägen (oder schraubenförmigen) Flächen der Arme verhältnismäßig viel größer (vgl. Abb. 10, S. 6) und erreicht dadurch das Folgende: Es sei angenommen, daß dem Fortbewegen des Mischgutes keinerlei Widerstände sich bieten, auch das Mischgut sich nicht mitdreht,

---

[1] Engl. Patent Nr. 6370 vom Jahre 1823.

so wird der schräge Arm sich dem Mischgut gegenüber wie der Schrauben-
bolzen zu seiner Mutter verhalten; d. h. es wird das Mischgut gegenüber
den Armen oder schrägen Flügeln nur in der Achsenrichtung verschoben.
Hindert man aber jedes Verschieben in der Achsenrichtung und ebenso das
Drehen des Mischgutes, so tritt ein lebhaftes gegensätzliches Verschieben in
dem Mischgut ein, indem das von den schrägen Flächen der Arme getroffene
Gut nach allen Seiten auszuweichen gezwungen wird. Das sind die beiden
Grenzfälle; nähert man sich dem
ersteren, so erfolgt rasches Er-
ledigen, aber unvollkommenes
Mischen; nähert man sich dem
anderen, so wird an Menge wenig
geleistet, aber die erzielte Mischung
ist weit besser. Man kann demnach die Maschine in einfachster
Weise durch Ändern der dem
Fortschreiten sich bietenden Widerstände, stärkeres oder geringeres
Beschränken des Abflusses regeln.
Man erleichtert übrigens dieses
Regeln, indem man für den einen
Zweck die schrägen oder schraubenförmigen Flächen breiter, für
den anderen Zweck schmaler
macht. Auch die festen Finger —
welche, wie ohne weiteres zu erkennen ist, sich am Mischen beteiligen — werden länger oder
kürzer gemacht, oder nach Umständen ganz fortgelassen.

Der Antrieb dieser Mischer erfolgt je nach Umständen oben
oder unten, auch wird der Mischer
zuweilen stehend bzw. lotrecht

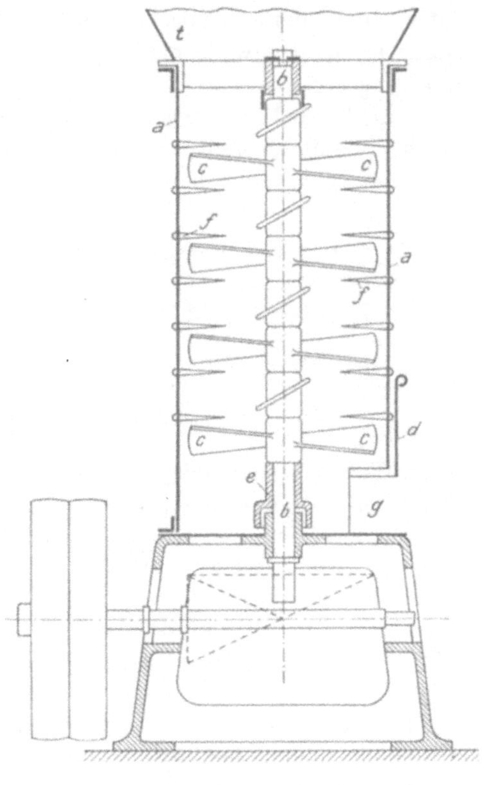

Abb. 109.

hängend, oder liegend angeordnet. Dieser Mischer kommt in den mannigfachsten Anordnungen und Größen vor. Abb. 109 ist der lotrechte Schnitt
eines aufrechten Mischers, wie er z. B. zum Bearbeiten von Formerlehm verwendet wird. Das Zuteilen erfolgt mittels Schaufeln oder Meßkasten (S. 67);
der Trichter t soll das Eintragen erleichtern. Je zwei Flügel c sitzen an einer
gemeinsamen Nabe; mehrere solcher Naben sind übereinander auf die Welle b
geschoben und hier befestigt. Ganz unten folgt ein Muff e, der bestimmt ist,
das untere Wellenlager vor dem Beschmutzen zu schützen. In der Gehäuse-
wand a festsitzende Finger f haben den früher angegebenen Zweck. g ist
die Auswurfsöffnung, die durch Einstellen des Schiebers d größer oder kleiner
gemacht werden kann. Es sei bemerkt, daß man in Höhe der Auswurföffnung

nicht selten auf der Welle Flügel befestigt, welche lediglich den Zweck haben, das Mischgut durch die Öffnung *g* nach außen zu schieben. Die Welle *b* dreht sich bei 50 bis 60 cm Weite des Gehäuses minutlich etwa 30 mal.

Wenn der „Tonschneider", Abb. 109, in erster Linie den Zweck hat, das Mischgut kräftig fortzuschieben, so werden die schrägen oder schraubenförmigen Flächen verhältnismäßig viel breiter gemacht. Damit geht ihre mischende Wirkung nicht verloren. Darin liegt zuweilen die Veranlassung für Strangpressen[1], also für Gestaltungsarbeiten, das Vorwärtsdrängen des Arbeitsgutes, durch dem „Tonschneider" ähnliche Einrichtungen zu bevorzugen. Durch sie wird gewissermaßen ein Nachmischen vorgenommen, die bisherige Mischung ergänzt.

Auf der 1878er Pariser Weltausstellung zeigte *Boulet* Tonwalzenpaare[2], welche — mit Querrillen versehen — ineinandergreifen, wie die Walzen der — früher gebräuchlichen — Schneidwerke, welche breiteres Flacheisen in schmale Streifen zerlegten. Die Steigerung der Mischwirkung der *Boulet*schen Walzen dürfte durch die ihnen anhaftenden unangenehmen Seiten reichlich aufgehoben werden; man sieht die *Boulet*-

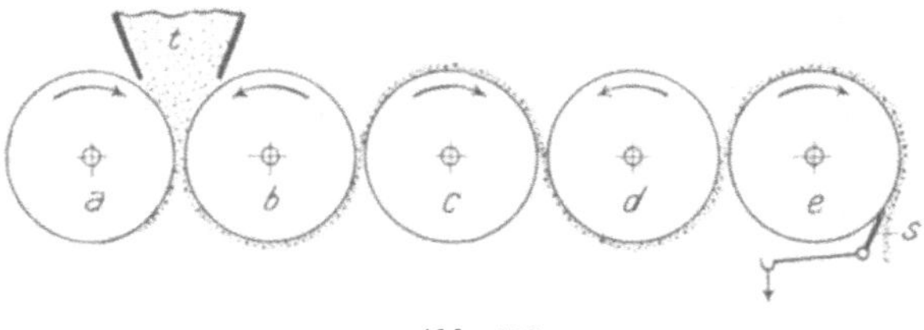

Abb. 110.

schen Walzen selten. Ich glaube, daß ein Vorschlag *Hegers*[3] mehr Aussicht auf wirklichen Erfolg hat.

Nach diesem werden die Abstreicher oder Schaber mit Ausklinkungen versehen, so daß von den glatten Walzen etwa die Hälfte des an ihnen haftenden Tones in schmalen Streifen abgelöst wird. Führt man das so Abgehobene einem folgenden Mischwalzenpaar zu, so kommt es hier in eine andere Umgebung, welcher durchgreifende Wechsel insbesondere bei periodischem Zuteilen (S. 54, 55) nützlich sein dürfte.

Die meisten Zerkleinerungsmaschinen wirken mischend. Dessen ist man sich nicht immer bewußt, obgleich man sich das neben dem Zerkleinern stattfindende Mischen gern gefallen läßt. Es kommen, soweit es das stetige Mischen angeht, fast sämtliche reibend wirkende Zerkleinerungsmaschinen in Frage, aber auch einige zerdrückend wirkende. Dahin gehören Schleudermühlen[4], Walzen- und Kegelpaare[5], deren mischende Wirkung ich bereits (S. 43) schilderte. Die Wirkungsweise der Reibmühlen[6] wurde (S. 7) auch schon kurz genannt. Das betreffende Gut wird je von der Reibfläche, welche es berührt, nachgiebig festgehalten. Das Arbeitsgut folgt zum Teil der bewegten

---

[1] *Schlickeisen:* Zeitschr. d. Ver. deutsch. Ing. 1885, S. 488, m. Abb.
[2] Dinglers Polytechn. Journ. Bd. 232, S. 12, 1879, m. Abb.
[3] D. R. P. Nr. 18 316 vom 2. Aug. 1881.
[4] Zeitschr. d. Ver. deutsch. Ing. 1886, S. 190, m. Abb.
[5] Zeitschr. d. Ver. deutsch. Ing. 1886, S. 219, m. Abb.
[6] Zeitschr. d. Ver. deutsch. Ing. 1886, S. 232f., m. Abb.

Reibfläche oder es wird zum Teil von der anderen Reibfläche zurückgehalten und gelangt dadurch in andere Umgebung. Bei den ebenen Reibflächen der sogenannten Mahlgänge bildet der mittlere Weg dieser gegensätzlichen Verschiebungen eine am Steinauge beginnende, am Steinrande endende, mehr oder weniger langgestreckte Spirallinie, so daß das einzelne Teilchen eine große Zahl einzelne gegensätzliche Verschiebungen erfährt.

Abbildungen und Beschreibungen solcher Zerkleinerungsmaschinen enthält der von *Carl Naske* bearbeitete Teil dieses Werkes unter dem Titel Zerkleinerungsvorrichtungen und Mahlanlagen[1], auf den Seiten 37 bis 177.

In eigener Weise hat *Herrmann* dieses neben dem Zerkleinern herlaufende Mischen für die Schokoladefabrikation ausgebildet. Nachdem die Kakaobohnen geröstet und geschält sind, werden sie geschroten. Dann wird das Arbeitsgut mittels Reibwalzen fein gemahlen, durch Mischen gleichartig gemacht und ihm Zucker hinzugefügt. Da die Maschine — durch Dampf oder auf anderem Wege — erwärmt wird, so geht das ursprünglich trockene Kakaomehl in breiartigen Zustand über. Abb. 110 stellt die *Herrmann*sche stetig arbeitende Schokolademühle schematisch dar[2]. Es sind 5 Stück, etwa 260 mm dicke und 540 mm lange Granitwalzen nebeneinandergelegt und werden so angetrieben, daß die einander gegenüberliegenden Walzen sich in entgegengesetzter Richtung drehen und ihre

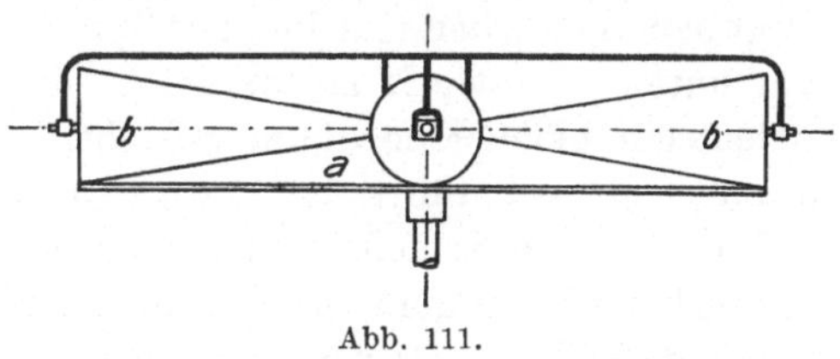

Abb. 111.

Umfangsgeschwindigkeiten sich etwa wie 1 : 2 bis 1 : 3 verhalten. Das Arbeitsgut wird dem Trichter *t* übergeben; die unter ihm liegenden Walzen regeln die Zuteilung (S. 58). Der Abstand zweier benachbarter Walzen ist sehr gering, so daß das Arbeitsgut sich hüllenartig um die Walzen legt, nicht abfällt. Der an *a* haftende Teil des Gutes kehrt zum Trichter zurück, kommt also in eine neue Umgebung. Der an *b* haftende Teil gelangt zwischen *b* und *c* und wird zum größten Teil auf die erheblich rascher sich drehende Walze *c* übertragen usf., bis schließlich der Abstreicher *s* das fertig bearbeitete Gut der Walze *e* ablöst. Da bei den Übertragungen von Walze zu Walze immer ein Rest zurückbleibt, der zu der früheren Arbeitsstelle zurückkehrt, so bietet die Maschine eine ungemessene Fülle von Ortswechseln, welche die hohe Gleichförmigkeit guter Schokolade herbeiführt. Freilich darf man auf große Mengen des abgelieferten Gemisches nicht rechnen. Eine beachtenswerte Schwäche dieser Maschine verdient besonders hervorgehoben zu werden. Sie besteht in dem Umstande, daß die gegensätzlichen Ortswechsel der zu mischenden Stoffe ausschließlich quer zu den Walzen stattfinden. Man bemerkt, wie der Wärter der Maschine, um dem genannten Übelstande ein wenig abzuhelfen, mit einem Spachtel den Walzen entlang fährt und das

---

[1] Vgl. 3. Auflage, Leipzig 1921.
[2] Publ. industrielle Bd. 21, S. 211, 1874, m. guten Abb.

abgestreifte Gut wieder an die Walzen abgibt. Hierdurch wird aber dem genannten Mangel nur teilweise abgeholfen. Es wird auch eine oder es werden mehrere der Walzen während des Arbeitens (selbsttätig) in ihrer Längenrichtung hin und her geschoben, was einen Querausgleich fördert. Eine voll befriedigende Lösung der vorliegenden Aufgabe kann man darin aber noch nicht finden.

Zum Zerreiben und Mischen von Farben, Schokolade und dgl. bedient man sich gern der durch Abb. 109 schematisch dargestellten Maschine, welche in ihrer Wirkungsweise zum Teil an die soeben beschriebene *Herrmann*sche Maschine erinnert[1].

Ein mit seiner lotrechten Welle sich drehender stumpfer Kegel a wird angetrieben, zwei bis vier schlankere Kegel b verlassen ihren Ort nicht, drehen sich aber um ihre Achse, soweit sie von a mitgenommen werden. Die Lager von b sind in lotrechter Richtung ein wenig verschiebbar; sie werden durch Federn nach unten gedrückt, können sich aber ein wenig heben, wenn die Kegel vor einen dickeren Gegenstand oder eine dickere Lage des Mischgutes kommen. Die Beschickung findet über der Spitze von a statt. Von da bewegt sich das Arbeitsgut in einer Spirale über den Mantel des Kegels a hinab, um unten abgestreift zu werden. Die Maschine mischt sehr kräftig. Das Arbeitsgut bildet eine dünne Schicht, von der jeder Roller b einen Teil aufnimmt, mit sich führt und auf der entgegengesetzten Seite wieder mit der auf a liegenden Schicht in Berührung bringt. Diese Stelle liegt aber auf a ziemlich weit von dem Orte entfernt, an welchem die Aufnahme erfolgte. Es findet deshalb ein starker Ortswechsel zwischen einzelnen Teilen des Mischgutes statt.

Wenn in dieser Richtung die Maschine Gutes liefert, so wird über ihre Leistung als Zerkleinerungsmaschine geklagt. Und das liegt an dem geringen Gleiten zwischen a und b. Man hat als Abhilfe einzelne der Kegel b vorübergehend am Drehen gehindert, was natürlich ein verwerfliches Verfahren ist. Man sollte sie statt dessen zwangsläufig antreiben.

3. Steifere Gemische.

Sie verlangen größere Kräfte für ihre Bearbeitung. Sonst kommen ähnliche Grundsätze und ähnliche Maschinen wie bei den breiartigen Gemischen in Frage.

Da ist der „Tonschneider" (S. 75) zu nennen; man findet ihn — in entsprechend kräftiger Bauart — für ziemlich steifen Ton verwendet, insbesondere für die Vollendung des Mischens, nachdem durch Walzen vorgearbeitet worden ist.

Der „Tonschneider", d. h. sein drehbarer Teil, ist gewissermaßen eine Schraube. Es liegt daher der Gedanke nahe, für größere Widerstände den

---

[1] In *Perchtls* Technolog. Encykl. **10**, 206, 1840, m. Abb. ist eine solche Maschine, bei welcher der stumpfe Kegel ruht und die auf ihm liegenden vier Kegel im Kreise herumgedreht werden, so daß sie im wesentlichen auf dem stumpfen Kegel rollen, als Schokolademühle bezeichnet.

drehbaren Teil des Tonschneiders als vollständige Schraube auszubilden. Das ist geschehen von *Desgoffe* und *Giurgio*[1]. Sie mindern aber die Ganghöhe des Schraubengewindes von der Eintritts- zur Austrittsstelle des Tones auf etwa die Hälfte und versehen den Mantel des Tonschneiders mit einem ebensolchen nach innen gerichteten Gewinde, welches dem ersteren gegenüber entgegengesetzt gerichtet ist (vgl. Abb. 89, S. 58). Es läßt sich nicht bestreiten, daß der mehr und mehr in die Enge getriebene Ton um die Gewindegänge herum zurückquillt und dadurch starke gegensätzliche Verschiebungen seiner Teile erfährt, also gemischt wird. Aber zweifelhaft ist, ob der nötige Arbeitsaufwand und die unvermeidliche starke Abnutzung mit der Leistung einer solchen Maschine im Einklang steht.

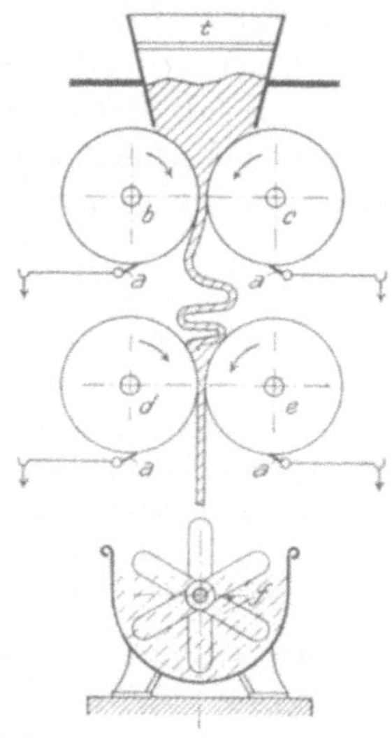

Abb. 112.

Es sind tatsächlich für das stetige Mischen steifer Teige fast nur Walzen in verschiedenen Formen gebräuchlich, und von diesen vorwiegend das Paar glatter Walzen mit Geschwindigkeitsunterschied, welches man, um stetig arbeiten zu können, mehrfach übereinander anordnet.

Die Walzenpaare haben, was bei Bearbeitung des Tones wichtig ist, die Eigenschaft, etwa beigemischte Steine zu zermalmen und dadurch die Störungen zu verhüten, welche seitens der Steine bei der weiteren Verarbeitung des Tones verursacht werden würden.

Abb. 112 zeigt eine solche Walzenanordnung in lotrechtem Schnitt. *t* bezeichnet den Einwurftrichter, *b c* das obere, *d e* das untere Walzenpaar mit den Abstreichern *a*. Der von dem oberen Walzenpaar abgelieferte Tonstrang faltet sich über den unteren Walzen, wird gewissermaßen „aufgeschlagen" (vgl. S. 3), und das von den unteren Walzen Bearbeitete fällt in einen liegenden Tonschneider *f*, welcher die Mischung vollendet und gleichzeitig den Ton durch das formende Mundstück drückt.

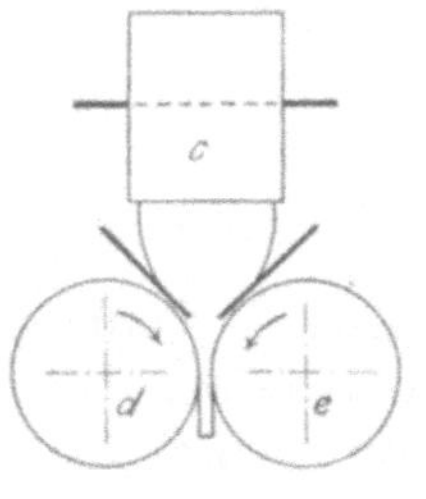

Abb. 113.

Man kann gegen diese Einrichtung den Einwurf erheben, daß Querverschiebungen der Tonteile in der Richtung der Walzenachsen fehlen. Man begegnet deshalb zuweilen der durch Abb. 113 versinnlichten Anordnung, bei welcher die Achsen des oberen Walzenpaares rechtwinklig zu denen des unteren Walzenpaares liegen. Die Walzen sind kürzer wie sonst gebräuchlich, so daß der von den oberen Walzen abgelieferte Ton ohne weiteres von dem unteren Walzenpaar aufgenommen wird. Diese Walzenanordnung ist wegen der Schwierigkeiten, welche ihr Antrieb bietet, nicht beliebt.

---

[1] D. R. P. Nr. 26 177 vom 19. Aug. 1883.

Es sei daran erinnert, daß bei den Gummimischwalzen (S. 42) das Mischgut zu wiederholter Behandlung mittels der Hand aufs neue den Walzen vorgelegt wird, wobei der aufmerksame Arbeiter für das Wenden der Lagen sorgt. Diese Lösung mag einer der Gründe sein, weshalb man das stetige Mischen. in Gummifabriken nicht findet.

Wo das Zermalmen harter Beimischungen nicht in Frage kommt, werden auch Kegel in der Anordnung der Abb. 111 für steifere Teige angewendet. Die Kegel sind glatt oder auch gerieft, vielleicht nach Abb. 5, S. 5. Man findet sie als Butterknetmaschinen — zum Mischen der Butter mit Salz — und Kittmischmaschinen. Die ersteren werden meistens im Sinne postenweisen Mischens verwendet, die letzteren auch für stetiges Mischen.

4. Gemische trockener Stoffe.

Die trockenen Stoffe eignen sich, wenn sie feinkörnig genug sind, besonders für das stetige Mischen, schon weil sie mit einiger Sicherheit stetig zugeteilt werden können. Sie bieten auch dem eigentlichen Mischen wenig Schwierigkeiten, wenn das Zuteilen in stetigem Strome stattfindet.

In manchen Fällen genügt für sie die mischende Wirkung der Fördermittel, oder diese vervollständigen das durch andere Mittel vollzogene eigentliche Mischen.

Es sei deshalb zunächst die mischende Wirkung der Fördermittel erörtert.

Bei den Becherwerken macht sie sich nur während des Füllens und Entleerens bemerkbar.

Die Schaufelwerke dagegen, Abb. 114, mischen den zwischen 2 Schaufeln befindlichen Stoff auf der ganzen Länge des Weges.

Die Schaufeln s sitzen an einem endlosen Bande b und werden über die Sohle einer Rinne a hinweggezogen und bleiben dabei wegen der Nachgiebigkeit des Bandes b mit der Rinnensohle immer in Berührung. Man muß nun beachten, daß nicht das gesamte Gut mit den Schaufeln sich gleichmäßig fortbewegt, sondern nur diejenigen Teile, welche in der Nähe der je folgenden, sie fortschiebenden Schaufel s sich befinden. Die weiter vorwärts befindlichen Teile des Fördergutes werden nur unter Vermittelung der vorher genannten

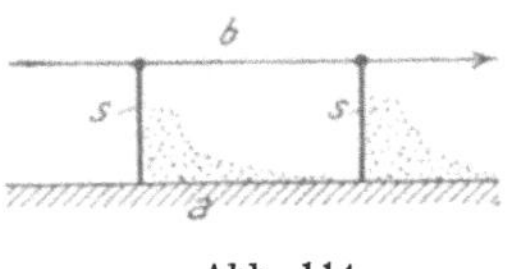

Abb. 114.

mitbewegt. Da dieser Fortbewegung Reibungswiderstände am Boden der Rinne entgegenwirken, so bäumt sich das von der folgenden Schaufel getroffene Gut empor, überstürzt sich und fällt weiter vorn wieder auf die Rinnensohle. Durch beinahe stetiges Wiederholen dieses Vorganges wird das zwischen zwei benachbarten Schaufeln befindliche Gut sehr gründlich durcheinandergeworfen; es bleibt aber streng gesondert von dem, was sich hinter der schiebenden und demjenigen, was sich vor der vorangehenden Schaufel befindet.

Wenn das Zuteilen in stetigem Strome (Abb. 84, S. 54) stattgefunden hat, so liefert schon eine verhältnismäßig kurze Förderung mittels des Schaufelwerkes eine gute Mischung, denn hier enthält jedes herausgeschnittene Stückdes Stromes die zu mischenden Stoffe in richtigem Mengenverhältnis. Hat aber das Mischen periodisch stattgefunden, so kann das Gemisch sehr ungleichförmig ausfallen. Angenommen, zwischen zwei Schaufeln des Schaufelwerkes Abb. 114, wäre genau eine Periode oder ein ganzes Vielfaches derselben aufgenommen, so würde das Ergebnis des Mischens ein ebenso gutes sein wie vorhin. Beträgt aber das zwischen zwei Schaufeln befindliche Gut nur einen Bruchteil einer Periode, oder neben ganzen Perioden noch einen Bruchteil, so ist das entstehende Gemisch für die meisten Zwecke unbrauchbar, das von dem Schaufelwerk erwartete Mischen mindestens wertlos. Nun dürfte es aber bei gewöhnlichem stetigen Betriebe mindestens sehr schwer sein, nur ganze Perioden zwischen zwei Schaufeln zu bringen, womit das Schaufelwerk als zuverlässiges, allgemein verwendbares Mischmittel ausscheidet.

Vielleicht gelingt es, das Schaufelwerk den periodisch zuteilenden Vorrichtungen so anzugliedern, daß schon hier die einzelnen Stoffe in dem bestimmten Mengenverhältnis zwischen zwei Schaufeln gebracht werden. Ich denke mir z. B. die Einrichtung so, daß die in Tätigkeit begriffene Schaufelkette sich unter den einzelnen Beschickungs-

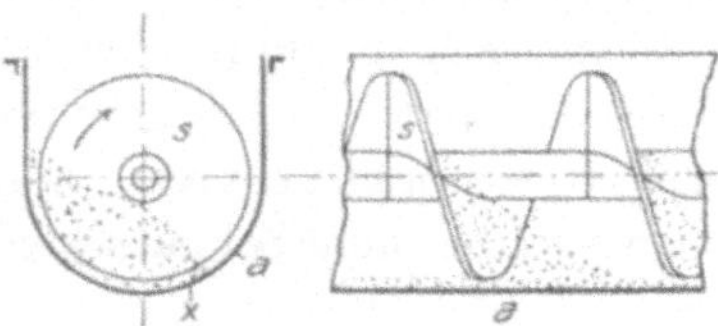

Abb. 115.

stellen hinwegbewegt und hierbei zwischen je zwei Schaufeln nacheinander die bestimmte Stoffmenge aufnimmt. Während der Weiterbewegung der Schaufeln würde das Mischen je innerhalb des zwischen zwei Schaufeln befindlichen Raumes stattfinden und schließlich das fertige Gemisch ausfallen. Ein solches Verfahren würde die Vorteile des postenweisen Mischens — leichteres Anpassen an wechselnde Zusammensetzung der Gemische, die Möglichkeit des Wägens der einzelnen Bestandteile usw. — mit den Vorteilen des stetigen Mischens — bequemes Einfügen in eine großzügige Fabrikationsweise — miteinander vereinigen und die Mängel des Schaufelwerks — große Reibungsverluste und starke Abnutzung — vergessen machen.

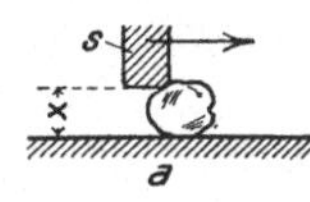

Abb. 116.

Die Förderschraube, Abb. 115, wirkt scheinbar ähnlich wie das Schaufelwerk. Die Schraube s schiebt das Gut teilweise über den Boden der Rinne a hinweg, wobei sich die vorhin geschilderten Vorgänge abspielen, teils wird das Gut durch die Reibung an den Schraubenflächen emporgehoben, um dann abzustürzen. Aber die Gänge der Schraube berühren die Rinnen- oder Trogwand nicht; es bleibt also ein Teil des Gutes liegen, soweit es nicht von den benachbarten Teilen mitgenommen wird, gelangt dadurch in den folgenden Schraubengang oder einen der weiter folgenden, woselbst, zufällig, die Verhältnisse für das Mitnehmen günstiger sind, oder bleibt überhaupt liegen. Da eröffnen sich Fehlerquellen, welche mit der Größe des Spielraumes zwischen Schraubenumfang und der Rinnenwand wachsen.

Eine gewisse Größe x dieses Spielraumes ist unvermeidlich, weil man — der Kosten wegen — Schraube und Rinne nicht genau zueinander passend herstellen und erhalten kann.

Gesetzt nun, es komme ein Körnchen des Mischgutes, dessen Dicke weniger als die doppelte Spielraumweite x (Abb. 116) beträgt, aber größer als x ist, so wie die Abbildung zeigt, vor die Schraube, so wird es nicht fortgeschoben, sondern klemmt sich zwischen Schraube und Rinnenwand. Im günstigsten Falle, wenn nämlich das Körnchen mürbe genug ist, wird es zerdrückt, im anderen Falle sperrt es den Betrieb oder führt einen Bruch herbei. Da nun aus leicht ersichtlichen Gründen der Spielraum x nicht überall gleich ist, auch das Gut sehr verschiedene Korngrößen enthält, so muß — solange auf das angegebene Zerdrücken nicht gerechnet werden kann — der Spielraum x mindestens so weit sein, als die größte vorkommende Körnchendicke. Daraus folgt, daß die Schraube für harte, grobkörnige Stoffe sich nicht eignet.

Ganz ähnlich verhält es sich mit der sog. Polterschnecke, Abb. 117. Sie ist eine rohe Schraube, welche sich — soweit die Mischwirkung in Frage kommt — von der besseren Schraube nur dadurch unterscheidet, daß sie das Übertreten des Gutes aus einem in den benachbarten Gewindegang erleichtert, also den bei dem Schaufelwerk gegenüber periodischer Zuteilung ausführlich erörterten Übelstand des völligen Abschlusses mildert, allerdings andere Fehlerquellen vergrößert. Die Polterschnecke besteht aus einer sechs- oder achtkantigen hölzernen Welle w, in welche Brettchen s schrägliegend verzapft sind. Die Rinne a ist aus Brettern unter Vermittlung dreikantiger Leisten

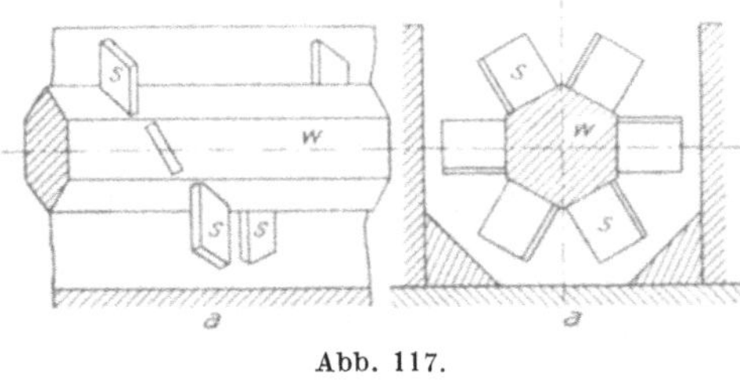

Abb. 117.

zusammengefügt. Man macht übrigens die Polterschnecke und Rinne auch aus Eisen, wodurch ihr Wesen nicht geändert wird. Wenn sich die Welle w dreht, so schieben die nach unten hängenden Brettchen das Gut über den Boden der Rinne hinweg, die in steigender Bewegung befindlichen heben etwas von ihm empor, um es bald in schräger Richtung fallen zu lassen. Es findet Mischen statt, aber nicht in dem Umfange wie bei dem „Tonschneider", der breiartige, teigartige Stoffe bearbeitet (S. 75), und zwar weil die Bewegung, zu welcher die von den schrägen Flächen unmittelbar getroffenen Teilchen gezwungen werden, sich nicht in gleichem Umfange auf entferntere ausdehnt. Man findet nach längerem Gebrauch die Rinne der Polterschnecke mit dem nicht unmittelbar betätigten Gut ausgekleidet, welche Auskleidung nur gelegentlich beschädigt wird, z. B. durch gröbere Körner, welche zwischen den Flügelenden und der Auskleidung nicht Platz finden. Man kann wohl sagen, daß die Polterschnecke das Ansehen, welches sie als Mittel zum Mischen noch hier und da findet, nicht verdient. Als Fördermittel wird sie schon längst nicht mehr geschätzt.

Als eigentliches Mittel zum Mischen überragt die Mischtrommel jene, auch zum Fördern dienenden Mittel bei weitem.

Sie wurde schon (S. 45 bis 47) in ihrer Verwendung zum postenweisen

Mischen geschildert. Hier ist dasjenige ergänzend nachzutragen, was auf das stetige Mischen Bezug hat[1].

Das Gut wird an einem Ende der Trommel stetig eingeleitet und am entgegengesetzten Ende ebenso stetig und restlos ausgetragen. Um das Gut diesen Weg zurücklegen zu lassen, kann man:

a) die Trommelachse gegen die Wagerechte geneigt legen. Die Trommel hebt dann das Gut rechtwinklig zu ihrer Drehachse, worauf es in lotrechter Ebene wieder zurückfällt, also bei jedem Spiel einen kleinen Schritt nach dem tiefer gelegenen Trommelende macht. Die geneigte Lage der Trommelachse ist aus technischen Gründen nicht beliebt; man zieht die wagerechte Lage vor. Dann kann

b) das Fortbewegen durch schraubenförmige oder schrägliegende Vorsprünge der inneren Trommelfläche erreicht werden, endlich

c) dadurch, daß man die Trommel in der Nähe des Eintragendes mehr gefüllt sein läßt als am Austragende.

Zu b) ist im einzelnen das Folgende zu bemerken: Die zum Fortbewegen des Mischgutes dienenden Vorsprünge sind schraubenförmige, an der Innenseite der

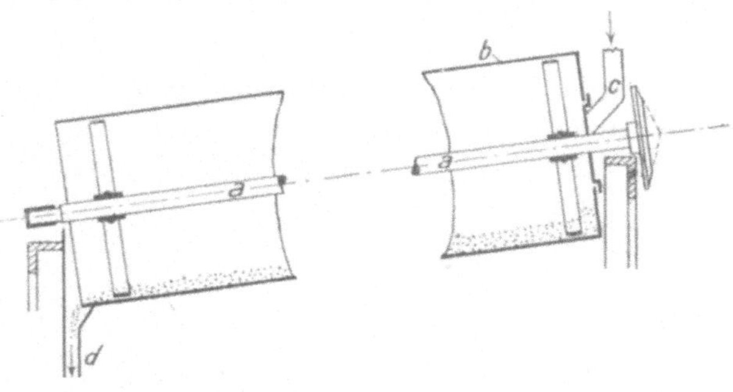

Abb. 118.

Trommel befestigte Leisten oder zur Drehachse der Trommel schräg liegende Lappen, so daß gewissermaßen eine hohle Polterschnecke vorliegt. Statt dessen verwendet man gerade, gleichlaufend zur Trommelachse liegende Leisten, auf welchen Schrägleisten (z. B. nach Abb. 77, S. 46) sitzen, oder läßt kurze, auf einer Seite offene Rinnen in schräger Richtung von der Innenfläche der Trommel hervorragen. Je nach Wahl des Neigungswinkels der schraubenförmigen Leisten oder Lappen, je nach Wahl der Schräge der auf den geraden Leisten sitzenden Lenkleisten oder der kurzen Rinnen bewegt sich das Mischgut rascher oder langsamer durch die Trommel. Das Mischen erfolgt durch das Herabstürzen des durch die genannten Vorsprünge gehobenen Gutes und dadurch, daß das Niederstürzende bei seinem Auftreffen eine neue Umgebung findet. In der Längenrichtung der Trommel tritt nur zufällig ein gegensätzlicher Ortswechsel ein. Wünscht man deutlicheres Durcheinanderwerfen auch in der Längenrichtung der Trommel — was bei periodischen Zuteilen nötig ist —, so neigt man die schrägen Lappen, Führungsleisten oder kurzen Rinnen zum Teil entgegengesetzt, so daß das Arbeitsgut zeitweise rückwärts befördert wird, und sich pilgerschrittartig der Austragsöffnung nähert[2].

---

[1] Vgl. auch Zeitschr. d. Ver. deutsch. Ing. 1920, S. 737, Abb. 13.

[2] Vgl. auch *Neuerburg:* D. R. P. Nr. 945 vom 4. Aug. 1877; Dinglers Polytechn. Journ. Bd. 220, S. 249, 1878, m. Abb.; Die Mühle Bd. 16, S. 89, 1879, m. Abb.

Soll das Fortbewegen des Mischgutes nach c) allein durch die stärkere Füllung am Eintragende erreicht werden, so sind die Umdrehungsgeschwindigkeiten der Trommel zu beachten. Ist die Zahl der minutlichen Trommeldrehungen kleiner als $32/\sqrt{D}$ (vgl. S. 46), so wird das Mischgut nur mäßig gehoben und stürzt dann, weil die Böschung an der steigenden Seite der Trommel immer steiler wird, wieder nach unten. Die Neigung der Arbeitsgutoberfläche setzt sich zusammen aus der Neigung im Ruhezustande und derjenigen, welche durch das Drehen der Trommel hervorgerufen wird, sie liegt also in einer schräg zur Trommelachse gerichteten Ebene, d. h. da das abstürzende Gut dieser Neigung folgt, bewegt es sich auch dem Austragende zu.

Ist dagegen die Zahl der minutlichen Trommeldrehungen größer als $32/\sqrt{D}$ und kleiner als $42/\sqrt{D}$, so fällt das gehobene Gut in einem freien Wurfbogen nach unten und verspritzt das getroffene Gut nach allen Seiten. Befindet

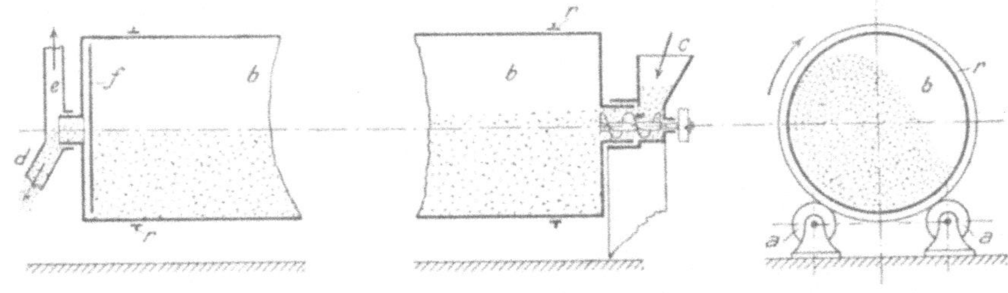

Abb. 119.

sich an einer solchen Stelle viel Gut, so wird viel umhergeworfen, im anderen Falle weniger.

Demnach verteilen diejenigen Stellen, an denen sich viel Mischgut befindet, mehr an die Nachbarschaft, als die ärmeren, wodurch ein Ausgleich herbeigeführt wird. Wird der Trommel am Austragende Mischgut entzogen, an dem Eintragende solches zugeführt, so ist damit die Verschiedenheit gegeben, die in der angegebenen Weise Ausgleichung findet, also das Mischgut von dem Eintrag- zum Austragende leitet. Es braucht nicht einmal die Austragöffnung tiefer als die Eintragöffnung zu liegen. Da das Gut durch Drehen der Trommel gehoben wird, ist nur nötig, das Gut aus dem Wurfbogen zu entnehmen[1].

Meines Wissens wird dieses Mischverfahren bisher nur bei der Zementfabrikation verwendet, und zwar unter gleichzeitigem Zerkleinern des Arbeitsgutes durch beigemischte Kugeln, Flintsteinstücke od. dgl.[2]

Abb. 118 ist der lotrechte Schnitt einer Mischtrommel mit geneigt liegender Achse. Eine Welle a trägt die Trommel b mittels einiger Armkreuze und wird durch ein Kegelradvorgelege angetrieben. Durch die Röhre c wird das Mischgut eingetragen, durch die Röhre d am anderen Ende der Trommel

---

[1] Vgl. Zeitschr. d. Ver. deutsch. Ing. 1904, S. 440, m. Abb.

[2] Vgl. *Carl Naske:* Zerkleinerungsvorrichtungen und Mahlanlagen, Leipzig 1921, 3. Aufl., S. 136f.

abgeführt. Um das Gut sicher nach d gelangen zu lassen, ist diese Röhre oben trichterförmig erweitert, so daß diese Erweiterung etwa die untere Hälfte des Austragendes umfaßt. Zuweilen umgibt sie das Austragende vollständig, um das Austreten von Staub möglichst zu hindern. Zu gleichem Zweck versieht man auch das Eintragende mit einem Verschluß, z. B. in der Weise, daß die Eintragröhre in einer ruhenden, kreisrunden Scheibe mündet, welche in eine runde Bodenöffnung der Trommel greift und hier eine mehr oder weniger vollkommene Abdichtung hervorbringt.

Als Beispiel einer Mischtrommel mit wagerechter Achse möge die in Abb. 119 in lotrechtem Schnitt dargestellte dienen. Die Trommel d ist nicht mit durchgehender Welle versehen, sondern stützt sich mittels der Ringe r auf die Rollen a. Letztere vermitteln auch den Antrieb der Trommel. Diese Bauart wird für große, lange Trommeln derjenigen mit lang hindurchgehender Welle vorgezogen. Die Enden der Trommel sind durch feste Böden geschlossen, und das Trommelinnere ist durch ein Mannloch zugänglich gemacht. An den Trommelböden sitzen hohle Zapfen für das Ein- und Austragen. Das Arbeitsgut wird durch den Trichter c und eine kurze Schraube eingeführt. Am Austragende findet man häufig ein einfaches Schöpfwerk f, welches das fertige Mischgut zur Abflußröhre d gelangen läßt. Das Ein- und Austragen durch hohle Zapfen ermöglicht einen ziemlich dichten Abschluß des Trommelinnern gegenüber dem Arbeitsraum, verhütet also das Austreten lästigen Staubes. Nach Umständen wird die Austragröhre d noch mit einer Luftabsaugeröhre e versehen, welche im Innern der Trommel einen (geringen) Unterdruck erzeugt, so daß durch etwaige Undichtheiten Luft eintritt, aber Staub nicht nach außen gelangen kann. Die durch e abgesaugte Luft wird zweckmäßig gefiltert, um den Staub zur Verwertung zu gewinnen und Belästigungen zu verhüten, welche der ins Freie geworfene Staub verursachen könnte.

Die Mischtrommeln sind, weil sie auch einen gegensätzlichen Ortswechsel in ihrer Längenrichtung herbeiführen, auch für periodisches Zuteilen brauchbar; sie beanspruchen aber, weil das Mischgut sehr viele Male gehoben werden muß, viel Betriebskraft. Da, wo stetiges Zuteilen stattfindet, kommt man mit Mischmitteln aus, die weniger Betriebskraft erfordern. Dahin gehört die Schleudermaschine, auch in der Ausführungsform, die Abb. 80, S. 48, darstellt, und die verwandte Streuscheibe.

Die Mischmaschine von *Baumgartner*[1], welche zum Mischen von nur zwei Stoffen bestimmt ist, verwendet für jeden der Stoffe eine besondere Streuscheibe g und h, Abb. 120. Die Mischstoffe werden stetig zugeteilt und gelangen durch die gleichachsig ineinander steckenden Röhren o und p zu den Streutellern oder Streuscheiben g und h, deren obere Flächen mit strahlig verlaufenden Riefen versehen sind. Infolge raschen Kreisens dieser Streuteller wird das Mischgut nach außen geworfen, bildet glockenförmige Schleier und fällt auf den Boden der den Mischraum einhüllenden Trommel a. Hier schieben Krücken m das Gut den Absackstutzen n zu. Diese Krücken drehen

---

[1] D. R. P. Nr. 10 352 vom 20. Jan. 1880.

sich langsam; sie sind mit dem an seinem oberen Rande mit Innenverzahnung
versehenen Ring i durch Arme verbunden. In die Verzahnung greift das
um einen festen Bolzen sich frei drehende Rädchen k, welches durch ein an
der Welle b der Maschine festes Rädchen angetrieben wird.

Auf die Erörterung der Einzelheiten gehe ich nicht ein, doch sei bemerkt,
daß der Maschineningenieur manches beanstanden wird.

Neuerdings hat man, um den durch den Krieg hervorgerufenen Lohn-
steigerungen im Baugewerbe zu begegnen, maschinelle Einrichtungen zur
Herstellung von Baukörpern
verwendet. Das sind Mischmaschinen, die sich auf die
Verwendung von Druckluft
stützen; das ist das sogenannte
Torkret - Verfahren[1]. Es ist
namentlich zur Herstellung von
Beton im Gebrauch (Abb. 121).
In zwei übereinander liegenden
Mischkammern c und d, die sich
nach unten verjüngen und durch
einen Zwischendeckel e gegen
einander abgeschlossen werden
können, befinden sich Zement
(oben) und Kiessand (unten).
Über den beiden Mischkammern
ist zum Einfüllen ein Fülltrichter b
angebracht, der noch oberhalb
mit einem Drahtsieb a versehen
ist. Auch der Fülltrichter kann
noch unten gegen die erste Misch-
kammer c durch eine Verschluß-

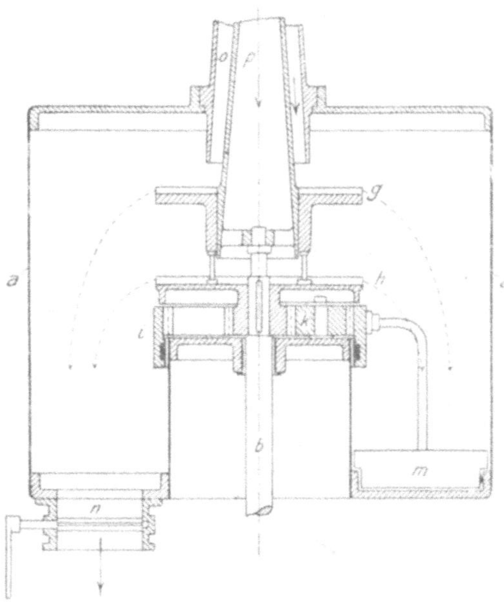

Abb. 120.

glocke e abgeschlossen werden. Die Mischung der beiden Stoffe kann hier
in beliebigem Verhältnis von 1 : 3 bis 1 : 15 vorgenommen werden. Mit
Leichtigkeit können dem Beton Zusätze Kalk, Traß und Farbstoffen beigemengt werden. Die Korngröße kann bis 10 mm betragen.

Bei o (Abb. 121) tritt die Druckluft aus einer Zuleitung ein, gelangt,
nach rechts abzweigend (Grundriß der Abb. 121), über einen Luftfilter k zu
dem Druckluftmotor i, welcher mittels Schneckenantrieb h ein am Grunde
der Kammer d befindliches Schaufelrad g auf einer senkrechten Welle an-
treibt. Über diesem Schaufelrad sorgt ein Rührarm f für eine sorgfältige
Mischung. Die Haupt-Druckluftleitung wird derart weiter geführt, daß sie
sowohl zu den beiden Mischkammern als auch zur Ausschleuderöffnung
treten kann. In der Kammerzuleitung sind zwei Regelventile q und r und

---

[1] *Fr. W. Schmidt:* Das Torkret-Verfahren. Zeitschr. d. Ver. deutsch. Ing., Berlin
1921, S. 1363.

ein Hauptventil eingesetzt. Die Schleuderluft gelangt über das Absperr-
ventil *s* zu dem Kanal *t* und von da aus der Maschine, wobei eine Schlauch-
kupplung *l* den Anschluß einer bis zu 200 m langen Schlauchleitung bis zur

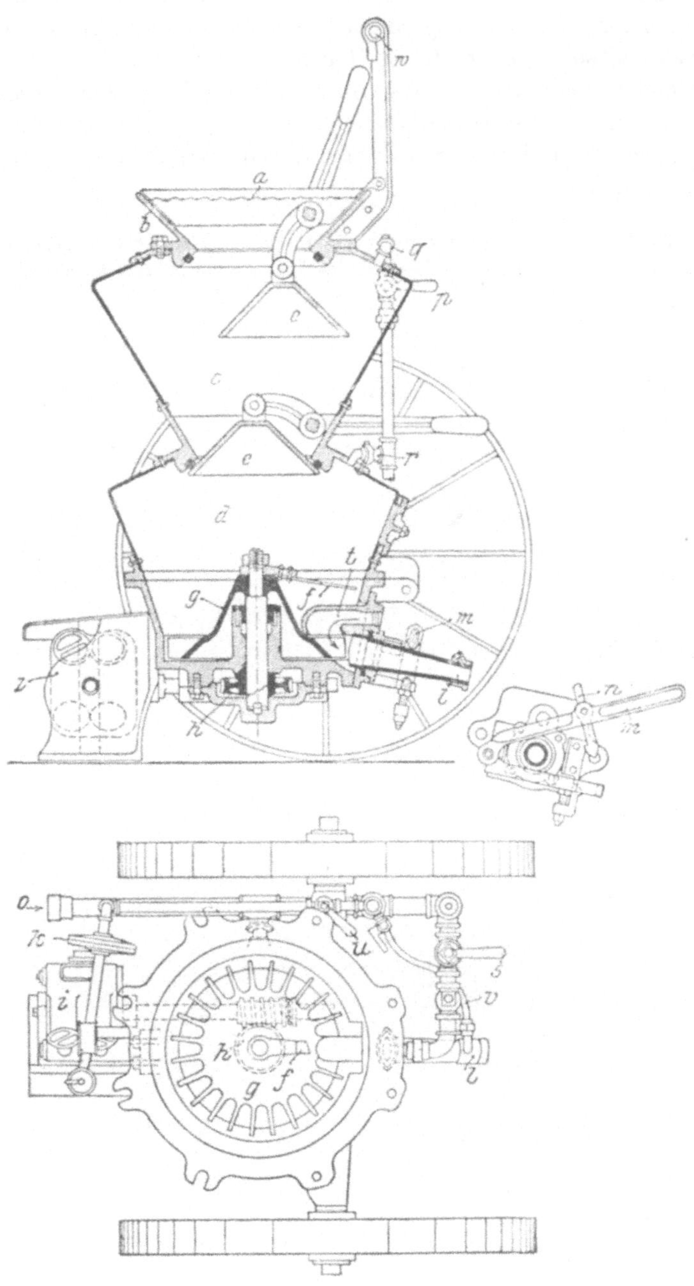

Abb. 121.

Verwendungsstelle ermöglicht. Kurz vor dieser Kupplung l befindet sich ein Absperr- und Regelventil m, dessen Schlußstellung durch eine Sperrklinke n gesichert wird. v ist eine Umgehungsleitung für die Druckluft und w ein Handgriff, um die auf zwei Rädern fahrbare Mischmaschine bequem lenken zu können. In Deutschland liegt der Vertrieb dieser Anlagen in den Händen der *Torkret-Gesellschaft m. b. H.* in Berlin.

Eine andere neuzeitige Einrichtung, auf die hier hingewiesen werden kann, sind die Bauxitmühlen[1], welche eine gute Durchmischung des Rohstoffes bezwecken und der Schwierigkeit der Bauxitpulvererzeugung angepaßt sein müssen.

---

[1] *Carl Naske:* Amerikanische Bauxitmühle. Zeitschr. d. Ver. deutsch. Ing., Berlin 1922, S. 115 m. Abb. (nach einem Bericht des Ing. *Julius A. Klostermann* in Chicago).

IV. Einige besondere Mischeinrichtungen.

In einigem Umfange findet das Mischen des Getreidemehles statt, und zwar entweder zu dem Zweck, aus den gewonnenen, verschieden dunkeln Mehlarten eine gleichförmige Durchschnittsware zusammenzustellen, oder eine ganz bestimmte Mehlfarbe zu gewinnen. Es ist nämlich gebräuchlich, das Mehl nach seiner Farbe zu beurteilen. Namentlich ist das der Fall beim Weizenmehl. Die Kunden des Bäckers schätzen das weiße Weizenbrot höher ein als das dunkler gefärbte. So ist selbstverständlich, daß der Bäcker das weißere Mehl bevorzugt gegenüber dem dunkler gefärbten, und ersteres besser bezahlt als letzteres. Um bestimmte Anhalte für börsenmäßigen Handel zu haben, sind von zuständiger Seite Muster festgestellt und hinterlegt, nach welchen geliefert werden muß. So ist der Müller zuweilen gezwungen, das Mehl in ganz bestimmter Tönung zu liefern; er gewinnt diesen Farbenton durch Mischen.

Handelt es sich um die Aufgabe, einen Mittelwert der gewonnenen Mehle zu schaffen, und werden diese verschiedenen Mehlsorten gleichzeitig gewonnen — was in größeren Mühlen oft vorkommt —, so ist nur nötig, sie von den Sichtmaschinen ohne weiteres in ein gemeinsames Fördermittel zu führen, welches das Mischen besorgt.

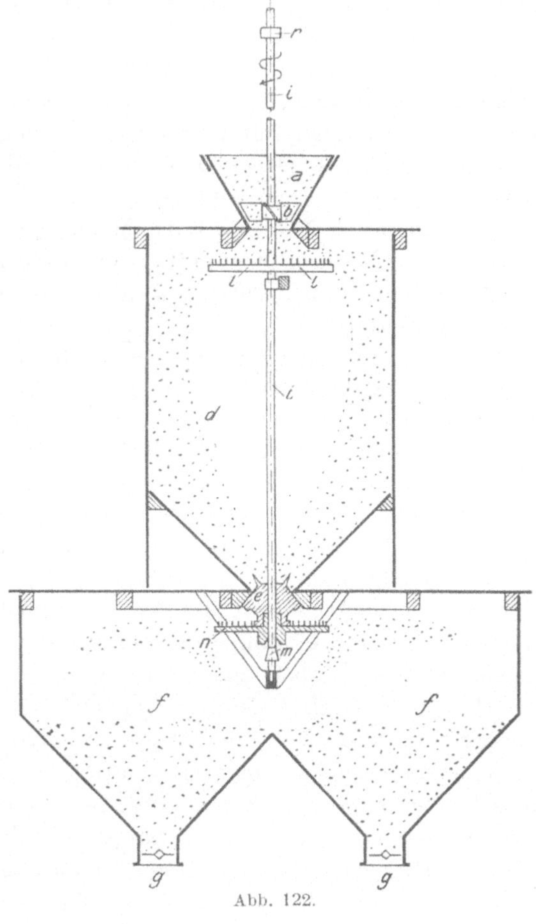

Abb. 122.

Weniger einfach ist die Aufgabe zu lösen, aus den vorhandenen Mehlen eine Mischung zu bilden, welche einem bestimmten Muster entspricht.

Es ist dann zweckmäßig, zuerst mittels kleiner Mengen das Mischungsverhältnis festzustellen. Bei stetigem Zuteilen und Mischen stellt man die Zuteilvorrichtungen zunächst nach Schätzung ein, vergleicht das entstehende Gemisch mit dem Muster und berichtigt hiernach die Einstellung der Zuteilvorrichtungen. Das ist der regelmäßige Gang.

Man weicht von ihm zuweilen ab.

Die beliebte Einrichtung von *Millot*[1], welche Abb. 122 im Schnitt darstellt, beruht auf periodischem Zuteilen; in den Trichter a sollen jedesmal bis zu 4 Sack Mehl — natürlich in dem für das Gemisch festgesetzten Mengenverhältnis — gebracht werden. Ein Flügelrädchen b regelt den Abfluß des Trichterinhalts nach dem Streuteller l. Dieser wirft das Gut nach allen Seiten in den Behälter d, welcher die Höhe eines Geschosses hat, und demnach eine Anzahl Trichterfüllungen aufzunehmen vermag. Nachdem d im wesentlichen gefüllt ist, senkt man den Kegel e, welcher bisher den Abfluß des Mehles aus d hinderte, bis auf den mit der durch die Riemenrolle r rasch gedrehten Welle i fest verbundenen Kegel m. Dann wird der Kegel e gezwungen, sich an den Drehungen der Welle zu beteiligen, ebenso der mit e fest verbundene Streuteller n. Damit ist der Abfluß des Mehles aus d freigelegt; er wird durch den Kegel e, der mit nach oben gerichteten Fingern ausgerüstet ist, geregelt und das Mehl durch den Streuteller n in dem Behälter f verteilt. An f sitzen die Abnahmestutzen g.

Es wird nun angenommen, daß das durch l ausgestreute Mehl in d einigermaßen regelmäßige Schichten bilde und daß diese die Mehle im richtigen Mischungsverhältnisse enthaltenden Schichten nacheinander zum Streuteller n gelangten, um durch dessen Tätigkeit zum gleichförmigen Gemisch zu werden. Selbst wenn jene Schichtenbildung zugestanden wird, muß der Schluß beanstandet werden. Es ist nicht zu erwarten, daß die Schichten in umgekehrter Reihenfolge ihrer Bildung zum Streuteller n gelangen; es spielen vielmehr zahlreiche Zufälligkeiten bei dem Abfluß des Mehles über den Kegel e eine Rolle, d. h. die Gleichförmigkeit des Gemisches ist unsicher. Allerdings vermag die *Millot*sche Einrichtung große Mengen des Mischgutes zu verarbeiten, ohne hierfür viel Handarbeit zu verlangen.

Weber & Zeidler[2] glauben das Ziel auf folgendem Wege erreichen zu können und behaupten, „es ist ganz gleichgültig, in welcher Reihenfolge und in welchem Verhältnis man einschüttet, ob das Mehl direkt aus den Sichtmaschinen oder aus Säcken kommt, es ist nur erforderlich, daß der Behälter alle zu mischenden Sorten überhaupt enthält". Es wird ein Behälter unter Vermittlung einer Schraube, deren Rinne ohne Boden ist, mit dem Mehl gefüllt. Die Füllung ist also unregelmäßig. Den Boden des Behälters bilden zwei Schrägwände und zwei lange Walzen. Diese ruhen während des Füllens.

---

[1] Die Mühle 1885, S. 409, m. Abb.

[2] D. R. P. Nr. 38 362; Dinglers Polytechn. Journ. Bd. 270, S. 306, 1888; Bd. 275, S. 347, 1890, m. Abb.

Nach dem Füllen des Behälters werden sie in Betrieb gesetzt. Sie liefern dann das Mehl in dünnem Strome an eine zu den Walzen gleichlaufend liegende Schraube, welche das Mischen besorgen soll. Die Schraube fördert das Mehl zu einem Abnahmestutzen oder zu einem Becherwerk, welches das Mischgut zu wiederholter Bearbeitung über die erstgenannte Schraube hebt. Es folgt aus dieser kurzen Beschreibung, daß eine Gleichförmigkeit des Gemisches nicht gewährleistet werden kann, es sei denn, daß man die Bearbeitung vielfach wiederholt.

Gebr. Gawron in Stettin gehen planmäßiger vor[1]. Abb. 123 stellt deren Einrichtung in einem Längenschnitt, Abb. 124 in einem Querschnitt dar,

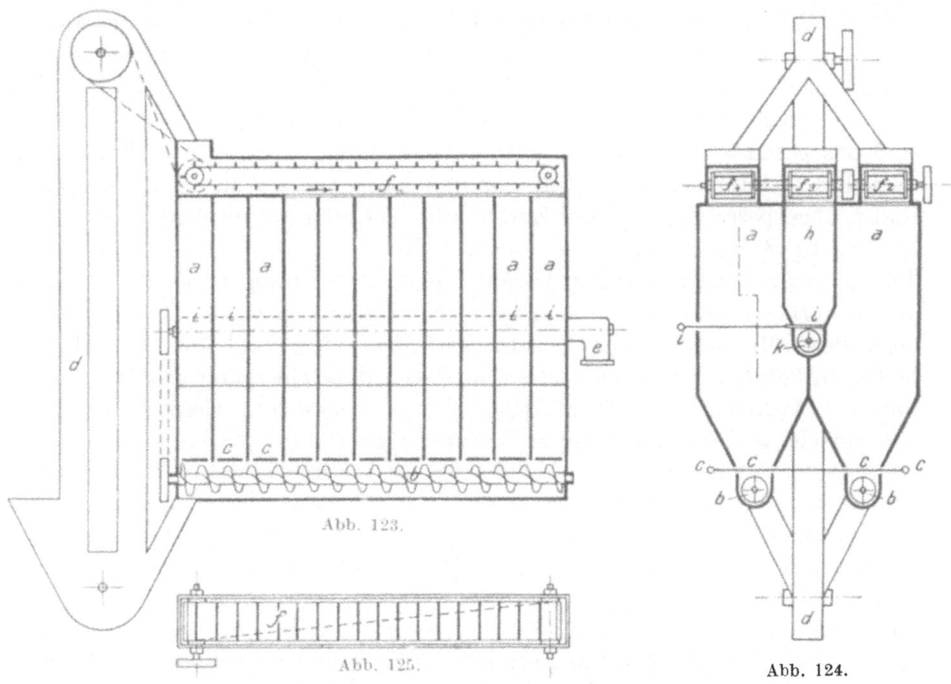

Abb. 123.

Abb. 125.

Abb. 124.

und Abb. 125 zeigt einen der sogenannten Verteiler im Grundriß. Ein ziemlich großer Behälter ist durch Scheidewände in eine Anzahl kleinere zerlegt. In der Mitte befindet sich ein Behälter h, der so lang ist, wie der ganze Behälter, links und rechts von ihm gliedern sich zwei Reihen — im ganzen 22 — von hohen, schmalen Kasten a an. Die über diesen Behältern angeordneten „Verteiler" f_1, f_2 und f_3 dienen zum Beschicken der Behälter; sie werden durch das Becherwerk d gespeist. Den „Verteilern" f_1 und f_2 ist nun die Aufgabe gestellt, das frisch in das Becherwerk d gebrachte Mischgut auf sämtliche Behälter a gleichförmig zu verteilen, so daß in letzteren die gleiche wagerechte Schichtung entsteht. Dann soll der Inhalt jedes einzelnen Kastens a durch

---

[1] Dinglers Polytechn. Journ. Bd. 275, S. 349, 1890, m. Abb.

Schrauben $b\,b$, Becherwerk d und den Verteiler f_3 in dem Behälter h ausgebreitet werden, aus dem es — in fertig gemischtem Zustande — durch die
Schraube k zum Auslaufstutzen e gelangt.

Die Verteiler f bestehen (vgl. Abb. 123 und 125) aus einem Schaufelwerk, welches von einer im Querschnitt rechteckigen Röhre umschlossen ist.
Der Boden des Schaufelwerkes oder die unten liegende Wand der Röhre ist
diagonal hinweggeschnitten, wie der Grundriß Abb. 125 andeutet. Dasjenige
Mischgut, welches vor einer der Schaufeln sich befindet und von dieser fortgeschoben wird, fällt da, wo der Boden des Schaufelwerkes fehlt, nach unten.
Wenn das vor der Schaufel liegende Mischgut in ganzer Breite die
gleiche Schichthöhe hat, so muß für jede Längeneinheit des Schaufelwerkes,
also in jeden der unter sich gleichen Behälter a die gleiche Menge des Mischgutes fallen. Hieraus ist geschlossen, daß das Mischgut in gleichen wagerechten
Schichten auf die Behälter a verteilt werde. Dieser Schluß ist nicht berechtigt,
was ich noch nachweisen werde; es möge vorläufig angenommen werden,
daß das gesamte Mischgut in solcher Schichtung auf sämtliche Behälter a
verteilt sei. Dann soll der Zufluß von dem Becherwerk d zu den Verteilern f_1
und f_2 abgesperrt, dagegen der Zufluß zum Verteiler f_3 freigelegt werden und
gleichzeitig der Schieber c eines der Behälter a gezogen werden, so daß der
Inhalt dieses Behälters unter Vermittlung der zugehörigen Schraube b, des
Becherwerkes d und Verteilers f_3 in den Behälter h gelangt. Darin soll das
eigentliche Mischen liegen. Zusätzliches Mischen — welches aber als für
Mehle entbehrlich bezeichnet ist — wird von dem Übergang des Mischgutes
von dem Verteiler f_3 bis zum Abzugsstutzen e erwartet. Gesetzt nun, das
Gut rutsche in dem betreffenden Behälter a nach unten, ohne nennenswerte
Störung der Schichten, so würde zunächst die untere, dann die folgende usw.
Schicht zur Schraube b gelangen und — da die Schraube nur das zwischen
zwei Gängen Befindliche mischt (S. 81) — durch Becherwerk und Verteiler
befördert sich zu unterst usw. im Behälter h ausbreiten, d. h. es würde nur
Abnahme der Schichtdicke unter Vergrößerung der Grundfläche erreicht,
wie beim einfachen Strecken (S. 3). Insbesondere beruht die Ansicht der
Quelle, daß eine gute Mischung erreicht werde, wenn man die zu mischenden
Stoffe „in beliebiger Reihenfolge, wie die Säcke zufällig in die Hand kommen“,
der Einrichtung übergebe, auf irrtümlicher Auffassung der Wirkungsweise.
In Wahrheit mischt die Einrichtung durch Zufälligkeiten, welche in der Be-
schreibung nicht erwähnt sind. Das von den Schaufeln der Verteiler heran-
geführte Gut fällt nicht lotrecht nach unten, sondern in einem, in bezug auf
Abb. 120, nach rechts gerichteten Wurfbogen, bildet je an der rechtsseitigen
Wand des betreffenden Behälters eine steiler und steiler werdende Böschung,
die gelegentlich zusammenbricht. Es tritt also überhaupt keine wagerechte
Schichtenbildung ein und, nachdem der betreffende Schieber c gezogen ist,
rutscht der Inhalt von a nicht in gleichförmigem Zeitmaß in die Schraube b,
sondern seine Teilchen bewegen sich verschieden rasch nach unten, je nachdem
ihnen mehr oder weniger Hemmnisse entgegentreten. Darin besteht das
Mischen. Es ist sofort zu erkennen, daß dieses Mischen um so besser gelingt,

wenn die Folge der zu mischenden Stoffe genau innegehalten wird, je kleiner die Mengen der einzelnen Glieder dieses periodischen Zuteilens (S. 54, 69) sind. Ein willkürliches Zuteilen, mehr noch das Zuteilen zunächst des ganzen Betrages des einen, dann des anderen Mischstoffes usw., würde arge Enttäuschungen herbeiführen. Will man aus irgendwelchem Grunde solch willkürliches Zuteilen anwenden, so liegt die Lösung in dem postenweisen Mischen — das beschriebene *Gebr. Gavron*sche Mischverfahren ist, genau betrachtet, auch ein postenweises Mischen —, indem man z. B. sämtliche Gemengteile zugleich in eine Trommel bringt (S. 45). So gewinnt man auf kürzerem Wege eine bessere Mischung als mittels der umständlichen *Gebr. Gavron*schen Einrichtung.

Diese wenigen Beispiele mögen zur Begründung der Behauptung genügen, daß durch verwickelte, die Sinne verwirrende Einrichtungen — wie auf anderen Gebieten, so auch beim Mischen — die Umstände, auf die es ankommt, verdunkelt werden durch den Überschwall von Nebensächlichkeiten. Einfache, dem Zweck des Mischens und der Eigenart der zu mischenden Stoffe, wie der entstehenden Gemische angepaßte Einrichtungen und Maschinen befriedigen mehr als verwickelte, bei denen gar zu leicht die Hauptsache durch das Beiwerk überwuchert ist.

Sachregister.